高职高专艺术设计类专业规划教材

YINGSHI ZHIZUO XIANGMU JIAOCHENG

Premiere Pro CS5.5

影视制作项目教程

Premiere Pro CS5.5

主　编　刘晓东

重庆大学出版社

图书在版编目（CIP）数据

影视制作项目教程 Premiere Pro CS5.5 / 刘晓东主编. --重庆 ：重庆大学出版社，2018.01
高职高专艺术设计类专业规划教材
ISBN 978-7-5689-0163-5

Ⅰ. ①影… Ⅱ. ①刘… Ⅲ. ①视频编辑软件—高等职业教育—教材 Ⅳ. ①TP317.53

中国版本图书馆CIP数据核字（2016）第232202号

高职高专艺术设计类专业规划教材
影视制作项目教程 Premiere Pro CS5.5
YINGSHI ZHIZUO XIANGMU JIAOCHENG Premiere Pro CS5.5
主编 刘晓东
策划编辑：蹇 佳 张菱芷 席远航
责任编辑：杨 敬 版式设计：原豆设计
责任校对：张红梅 责任印制：赵 晟

重庆大学出版社出版发行
出版人：易树平
社址：重庆市沙坪坝区大学城西路21号
邮编：401331
电话：（023）88617190 88617185（中小学）
传真：（023）88617186 88617166
网址：http://www.cqup.com.cn
邮箱：fxk@cqup.com.cn（营销中心）
全国新华书店经销
重庆五洲海斯特印务有限公司印刷

开本：787mm × 1092mm 1/16 印张：9 字数：272千
2018年1月第1版 2018年1月第1次印刷
ISBN 978-7-5689-0163-5 定价：49.00元

序

电影电视媒体已经成为当前颇为大众化也颇具影响力的媒体形式。从好莱坞电影所创造的幻想世界，到电视新闻所关注的现实生活，再到铺天盖地的电视广告，无不深刻地影响着我们的世界。过去，影视节目的制作只是专业人员的工作，似乎还笼罩着一层神秘的面纱。

数字技术全面进入影视制作过程，计算机逐步取代了许多原有的影视设备，在影视制作的各个环节发挥着重要的作用。随着个人计算机性能的显著提升以及价格的不断下降，影视制作从以前专业等级的硬件设备逐渐向个人计算机平台上转移，原先身价极高的专业软件逐步移植到个人计算机平台上，价格也日益大众化；同时，影视制作的应用也从专业的电影电视领域扩大到计算机游戏、多媒体、网络、家庭娱乐等更为广阔的领域。

作为国家示范性高职院校的重庆电子工程职业学院，秉承“厚德强能、求实创新”的校训，积极开展传媒艺术类专业建设，开设了数字媒体艺术、广播影视节目制作、影视编导、影视动画等专业。在传媒艺术学院的教学实践中，项目市场化教学、现代学徒制、导师制、工作室模式等教学形式逐年深化，涌现出众多优秀的学生影像作品，在各级媒体和社会各界广受好评，获得了许多奖项。

目前，高职院校的广播影视节目制作专业建设方兴未艾，新型影视制作教材亟待更新与完善。为此，重庆电子工程职业学院专门组织刘晓东、张邦凤、尹敬齐教师主持编写影视制作项目教程。经过大家的共同努力，这本全新的《影视制作项目教程 Premiere Pro CS5.5》即将交付重庆大学出版社正式出版。我相信这本教材的出版，对我国广播影视节目制作等专业的建设、对高等职业技术人才的培养、对影视节目制作的推广等都将发挥重要的作用。

全国广播影视职业教育教学指导委员会委员
陈丹教授
2016年8月

前　言

为了促进高等职业教育的发展，推进高等职业院校教学改革和创新，编者结合学校影视制作项目课程的改革试点工作，将影视制作项目和实践经验整合成本书。

在影视制作领域，计算机的应用给传统的影视制作带来了革命性的变化。读者从越来越多的影视作品中，可以明显地感受到计算机已经和影视制作有机地结合在了一起。

Premiere是功能强大的、基于个人计算机的非线性编辑软件，无论是专业影视工作者，还是业余多媒体爱好者，都可以利用它制作出精彩的影视作品。掌握了Premiere，就可以基本解决影视制作中的绝大部分问题。因此，每个人都可以利用Premiere构建自己的影视制作工作室。

Premiere软件几经升级，日臻完善，本书介绍的是中文版Premiere Pro CS5.5。和以往的版本相比，它有了较大的改变和完善，特别是强化了字幕制作的功能，增加了更多实用的模板，增强了普及性和通用性，增加了时间重置、素材替换等新功能，实现了对家用DV及HDV视频的全面支持以及对Flash视频、Web视频和DVD的输出支持。Premiere Pro CS5.5的第三方插件也相当多，而且功能强大，这使它的功能更加完善。

本书不以传统的章节知识点或软件学习为授课主线，而是在每一个项目的实施过程中都基于工作过程来构建教学过程。本书以真实的原汁原味的项目为载体，以软件为工具，根据项目的需求来学习软件的应用，即把软件的学习和制作流程与规范的学习融入项目实现，既让学习始终围绕着项目的实现展开，又提高了软件学习的效率。书中设计了完整的实训项目素材和成片，以二维码的形式嵌入，供读者练习和作为学习的参考资料。

为配合本书教学，本书附带一张多媒体教学光盘，其内容为电子教案、实例素材及效果图。

本书由重庆电子工程职业学院刘晓东担任主编，张邦凤担任副主编，尹敬齐参编。在编写过程中，参考了大量的书籍、杂志和网上的有关资料，吸取了多方面的宝贵意见和建议，得到了同行的大力支持，在此谨表谢意。

由于编者水平有限，书中难免存在疏漏之处，敬请读者批评、指正。

本书建议安排80学时，其中理论讲授为28学时，实践练习为52学时。建议学时分配如下：

学时分配表

序　号	内　容	理论学时	实践学时	小　计
1	预备知识：影视编辑基础知识	8	2	10
2	项目1　MV和卡拉OK的编辑	6	16	22
3	项目2　电子相册的编辑	4	10	14
4	项目3　影视包装	4	12	16
5	项目4　影视编辑	6	12	18
合计		28	52	80

编　者
2016年4月

目 录

项目2 电子相册的编辑

项目3 影视包装

项目4 影视编辑

参考文献

0 预备知识 影视编辑基础知识

随着影视产业的高速发展，视频编辑技术也得到了快速的发展。如今计算机网络技术日益成熟，借助于计算机的非线性编辑已经成为影视后期编辑的主流，它具有信号质量高、制作水平高、节约投资、保护投资、网络化等方面的优越性。Adobe公司推出的基于非线性编辑设备的音视频编辑软件Premiere在影视制作领域取得了巨大的成功，已经成为使用较为广泛的视频编辑软件。本章主要讲解视频的基础知识及Premiere的相关内容，从而让使用者走进视频编辑世界。

0.1

景别

影视编辑技术和摄像技术是密不可分的，剪辑是将拍摄的画面进行分段重组的过程。因此，在了解剪辑技术之前，首先需要学习影视摄像的构图和景别。景别是指由于摄影机与被摄对象之间距离的不同，而造成被摄对象在电影画面中所呈现出范围大小的区别。在电影中，导演和摄影师利用复杂多变的场面调度和镜头调度，交替使用各种不同的景别，可以使影片剧情的叙述、人物思想感情的表达、人物关系的处理更具有表现力，从而增强影片的艺术感染力。不同的景别会产生不同的艺术效果。我国古代绘画有这么一句话："近取其神，远取其势。"一部电影的影像就是这些能够产生不同艺术效果的景别组合在一起的结果。景别是影视作品的重要手段，我国影视画面的景别大致划分为5种。

1）远景

在远景画面中，主题与画面的比例最小，画面内容大多以环境为主，特点是视野广阔。因此，远景能够起到介绍场景、展示巨大空间或展现事物的规模与气势的作用；同时，可以达到抒发情感的目的。

远景具有广阔的视野，常用来展示事件发生的时间、环境、规模和气氛，比如，表现开阔的自然风景、群众场面、战争场面等。远景画面重在渲染气氛，抒发情感。在绘画艺术中讲究"近取其神，远取其势"，影视拍摄这一点和绘画艺术是相通的。远景画面的处理，一般重在"取势"，不细琢细节。在远景画面中，不注重人物的细微动作，有时人物处于点状，故不能用于直接刻画人物，但却可以表现人物的情绪。因为影视画面是通过画面组接表情达意的，通过承上启下的组接可以含蓄地表达人物的内心情绪。如影片《一个人的遭遇》，当主人公索克洛夫从集中营逃出后，拼命奔跑，最后躺在麦田地里。这时，出现一个近拉远的镜头画面，含蓄地表现了主人公获得自由的喜悦心情，如图0-1所示。

2）全景

在全景画面中，画面内除了含有被摄对象的全貌以外，还包含少量的周围环境，其特点是有明显的内容中心。在全景画面中，无论是人物还是景物，其外部轮廓及周围的背景都能够得到充分展现。全景画面中包含整个人物形貌，既不像远景那样由于细节过小而不能很好地进行观察，又不会像中近景画面那样不能展示人物全身的形态动作。在叙事、抒情和阐述人物与环境关系的功能上，全景画面起到了独特的作用，如图0-2所示。

图0-1　远景

图0-2　全景

3）中景

中景是叙事功能最强的一种景别，当主体人物（成年人）仅有膝盖及以上部分能够出现在画面时，即属于中景画面。

在包含对话、动作和情绪交流的场景中，利用中景景别可以最有利、最兼顾地表现人物之间、人物与周围环境之间的关系。中景的特点决定了它可以更好地表现人物的身份、动作及动作的目的；在表现多人时，可以清晰地表现人物之间的相互关系，如图0-3所示。

4）近景

在近景画面中，主体人物只有上半身能够进入画面，更容易展现人物在进行心理活动时的面部表情和细微动作。也就是说，近景能够细致地表现出被摄对象的精神面貌及其他主要特征，因而比其他景别更容易与观众产生交流。

近景中的环境退于次要地位，画面构图应尽量简练，避免杂乱的背景抢夺视线。因此，常用长焦镜头拍摄，利用景深小的特点虚化背景。人物近景画面用人物局部背影或道具做前景，可增加画面的深度、层次和线条结构。近景人物一般只有一人做画面主体，其他人物往往作为陪体或前景处理。“结婚照”式的双主体画面，在电视剧、电影中是很少见的。

在创作中，经常把介于中景和近景之间表现人物的画面称为“中近景”，就是画面为表现人物大约腰部以上部分的镜头，所以有的时候又把它称为“半身镜头”。这种景别不是常规意义上的中景和近景，在一般情况下，处理这样的景别时，是以中景作为依据，还要充分考虑对人物神态的表现。正是由于它能够兼顾中景的叙事和近景的表现功能，所以在各类电视节目的制作中，这样的景别被越来越多地采用，如图0-4所示。

图0-3　中景

图0-4　近景

5）特写

拍摄画面的下边框在成人肩部以上的头像，或拍摄其他被摄对象的局部称为特写镜头。在特写镜头中，被摄对象充满画面，比近景更加接近观众。

特写是放大表现被摄对象某一局部的画面，目的就是通过更加细致的展示，来揭示特定的思想或其他深层次的含义。虽然它的内容比较单一，却能够起到形象放大、深化主题的作用。因此，在表达、刻画人物的心理活动和情绪特点时，往往能够达到震撼人心的效果，如图0-5所示。

图0-5　特写

0.2 运用镜头的技巧

在影视制作中，尤其是在前期的拍摄中，需要对镜头的表现技巧非常熟悉，什么样的镜头技巧表现什么样的主题内容，都要熟知于心。

1）推、拉镜头

镜头的推、拉技巧是一组在技术上相反的技巧，在非线性编辑中往往可以使用其中的一个而实现另一个的技巧。推镜头相当于沿着与物体之间的直线距离向物体不断地走近观看，而拉镜头则是摄影机不断地离开拍摄对象。

在拍摄中，推镜头的动作要准确、敏捷、均匀，所以常常需要利用专门的轨道移动车或能平稳移动的其他工具来辅助拍摄。拉镜头和推镜头正好相反，要求摄影机不断地远离被拍摄对象，也可以用变焦镜头来拍摄（从长焦距逐渐调至短焦距部位）。其有两个方面的作用：一是为了表现主体人物或者景物在环境中的位置。摄影机向后移动，逐渐扩大视野范围，可以在同一个镜头内反映局部与整体的关系。二是为了满足镜头之间的衔接需要。比如，前一个镜头是一个场景中的特写镜头，而后一个是另一个场景中的镜头，这样两个镜头通过这种方法衔接起来就显得自然多了。

镜头的推拉和变焦距的推拉效果是不同的。例如，在推镜头技巧上，使用变焦镜头的方法等于把原主体的一部分放大后观察。在屏幕上的效果是景物的相对位置保持不变，场景无变化，只是原来的画面放大了。在拍摄场景无变化的主体时，要求连续且不摇晃地以任意速度接近被拍摄物体，因此比较适合使用变焦镜头来实现这一镜头效果。而移动镜头的推镜头等于接近被拍摄物体来进行观察，在画面上的效果是场景中的物体向后移动，场景大小有变化。这在拍摄狭窄的走廊或者室内景物的时候，效果十分明显。移动摄影机和使用变焦镜头来实现镜头的推拉效果是有明显区别的，因此，在拍摄构图中需要有明确的意识，不能简单地将两者互相替换。

2）摇镜头

这是法国摄影师狄克逊在1896年首创的拍摄技巧，也是根据人的视觉习惯加以发挥的拍摄技巧。摇镜头技巧的拍摄方式如下：摄影机的位置不动，只是变动镜头的拍摄方向。这非常类似于人站着不动，而通过转动头部来观看事物。

摇镜头分为好几类，可以左右摇，也可以上下摇，还可以斜摇或者与移镜头混合在一起。摇镜头的作用是向观众逐一展示所要表现的场景，缓慢的摇镜头技巧，也能造成拉长时间和空间的效果，给人表示一种印象的感觉。

摇镜头把内容表现得有头有尾，一气呵成，因而要求开头和结尾的镜头画面目的非常明确。从一定被拍摄目标摇起，结束到一定的被拍摄目标上，并且两个镜头之间的一系列过程也应该是被表现的内容。用长焦镜头远离拍摄对象进行迁拍，也可以造成横移或者升降的效果。

摇镜头的运动速度一定要均匀，起幅先停顿片刻，然后逐渐加速、匀速、减速，再停顿，落幅要缓慢。

3）移镜头

这种镜头技巧是法国摄影师普洛米澳1896年在威尼斯的游艇中受到启发，设想用“移动的摄影机来拍摄不动的物体，使其发生运动”而产生的。在电影中他首创了“横移镜头”，即把摄影机放在移动的车上，向着轨道的一侧拍摄的镜头。

这种镜头的作用是表现场景中的人与物、人与人、物与物之间的空间关系。移镜头和摇镜头有相似之处，都是为了表现场景中的主体与陪体之间的关系，在画面上给人的视觉效果是完全不同的。摇镜头是摄影机的位置不动，拍摄角度和被拍摄物体的角度在变化，适合于拍摄远距离的物体。而移镜头则不同，它是拍摄角度不变，摄影机身位置移动，与被拍摄物体的角度无变化，适合于拍摄距离较近的物体和主体。移动拍摄多为动态构图，当被拍摄物体呈现静态效果的时候，移动摄影机，使景物从画面中依次通过，造成巡视或者展示的视觉效果；被拍摄物体呈现动态时，伴随摄影机移动，形成跟随拍摄效果，还可以创造特定的情绪和气氛。

移动镜头时，除了借助于铺设在轨道上的移动车外，还可以用其他的移动工具，如在高空进行摄影的飞机，用于表现旷野中的火车、汽车等。其运动按照移动方向大致可以分为横向移动和纵深移动两种。在摄影机不动的条件下，改变焦距或者移动后景中的被拍摄体，也能获得移镜头的效果。

4）跟镜头

跟镜头是指摄影机跟随运动着的被拍摄物体进行拍摄，有推、拉、摇、移、升、降、旋转等形式。跟拍使处于动态中的主体在画面中保持不变，而前后景可能在不断地变换。这种拍摄技巧既可以突出运动中的主体，又可以交代运动物体的运动方向、速度、体态及其与环境的关系，使运动物体的运动保持连贯，有利于展示人物在动态中的精神面貌。

5）升降镜头

升降镜头是指摄影机上下运动拍摄的画面，是一种从多视点表现场景的方法，其变化的技巧有垂直升降、斜向升降和不规则升降。

在拍摄的过程中，不断改变摄影机的高度和仰俯角度，会给观众造成丰富的视觉感受。如果能巧妙地利用前景，则可以增加空间深度的幻觉，产生高度感。升降镜头在速度和节奏方面如果运用适当，则可以创造性地表达一个情节的情调。它常常用来展示事件的发展规律，或者处于场景中上下运动的主体运动的主观情绪。如果在实际的拍摄中与镜头表现的其他技巧结合运用，能够表现变化多端的视觉效果。

0.3 镜头组接的基本知识

镜头组接就是将电影或者电视里面单独的画面有逻辑、有构思、有意识、有创意和有规律地连接在一起，而完整的镜头组接就形成了一部精彩的电影或电视剧。

1）镜头组接的规律

镜头的组接是为了将所拍摄的镜头串接成节目，增强艺术感染力，最大限度地达到表现节目的内涵，突出和强化拍摄主体的特征。

（1）必须符合观众的思维方式和影视表现规律

镜头的组接要符合生活逻辑和思维逻辑，不符合逻辑观众就看不懂。做影视节目，要表达的主题与中心思想一定要明确，在这个基础上才能确定根据观众的心理要求，即思维逻辑选用哪些镜头，怎么样将它们组合在一起。

（2）景别的变化要“循序渐进”

一般来说，拍摄一个场面的时候，“景”的发展不宜过分剧烈，否则就不容易连接起来。相反，“景”的变化不大，同时拍摄角度变换也不大，拍摄出的镜头也不容易组接。由于以上原因，在拍摄的时候“景”的发展变化需要采取循序渐进的方法。循序渐进地变换不同视觉距离的镜头，可以造成顺畅的连接，形成各种蒙太奇技巧。

（3）遵循轴线规律

主体物在进出画面时，需要注意拍摄的总方向，从轴线一侧拍，否则两个画面接在一起时，主体物就要“撞车”。

所谓的“轴线规律”是指拍摄的画面是否有“跳轴”现象。在拍摄的时候，如果摄影机的位置始终在主体运动轴线的同一侧，那么构成画面的运动方向、放置方向都是一致的，否则就“跳轴”了。除了特殊的需要，跳轴的画面是无法组接的。

（4）遵循“动接动”“静接静”的规律

如果画面中同一主体或不同主体的动作是连贯的，可以动作接动作，达到顺畅、简洁过渡的目的，简称“动接动”。如果两个画面中的主体运动是不连贯的，或者它们中间有停顿时，那么这两个镜头的组接，必须在前一个画面主体做完一个完整动作停下来后，接上一个从静止到开始的运动镜头，这就是“静接静”。“静接静”组接时，前一个镜头结尾停止的片刻称为“落幅”，后一个镜头运动前静止的片刻称为“起幅”，起幅与落幅时间间隔为1～2秒。运动镜头和固定镜头组接时，同样需要遵循这个规律。如果一个固定镜头要接一个摇镜头，则摇镜头开始要有起幅；相反，一个摇镜头接一个固定镜头，那么摇镜头要有“落幅”，否则画面就会给人一种跳动的视觉感。为了达到特殊效果，也有“静接动”或“动接静”的镜头。

（5）注意影调色彩的统一

影调是针对黑白的画面而言的。黑白画面上的景物，不论原来是什么颜色，都是由许多深浅不同的黑白层次组成软硬不同的影调来表现的。对于彩色画面而言，除了一个影调问题外，还有一个色彩问题。无论是黑白画面还是彩色画面组接，都应该保持影调色彩的一致性。如果把明暗或者色彩对比强烈的两个镜头组接在一起（除了特殊的需要外），就会使人感到生硬和不连贯，影响内容的通畅表达。

2）镜头组接的节奏和时间长度

镜头组接的节奏和时间长度对组接镜头有很重要的意义。在拍摄影视节目的时候，每个镜头停顿时间的长短，首先，根据要表达的内容难易程度以及观众的接受能力来决定。其次，还要考虑到画面构图等因素，如由于画面中选择景物不同，包含在画面中的内容也不同。远景、中景等镜头大的画面包含的内容较多，观众需要看清楚这些画面上的内容，所需要的时间就相对长些；而对于近景、特写等镜头小的画面，所包含的内容较少，观众只需要短时间即可看清，所以画面停留时间可短些。

另外，一幅或者一组画面中的其他因素，也对画面长短起到制约作用。例如，同一个画面亮度大的部分比亮度暗的部分更能引起人们的注意。如果该幅画面要表现亮的部分时，长度应该短些；如果要表现暗的部分时，则应该长一些。在同一幅画面中，动的部分比静的部分先引起人们的视觉注意。如果重点要表现动的部分时，画面要短些；表现静的部分时，则画面持续长度应该稍微长一些。

影视节目的题材、样式、风格及情节的环境气氛，人物的关系，情节的起伏跌宕等是影视节目节奏的总依据。影片节奏除了通过演员的表演、镜头的转换和运动、音乐的配合、场景的时空变化等因素体现以外，还需要运用组接手段，严格掌握镜头的尺寸和数量，整理调整镜头顺序，删除多余的枝节才能完成。也就是说，组接节奏是教学片总节奏的最后一个组成部分。

处理影片节目的任何一个情节或一组画面，都要从影片表达的内容出发来处理节奏问题。如果在一个宁静祥和的环境里用了快节奏的镜头转换，就会使观众觉得突然、跳跃，在心理上难以接受。然而，在一些节奏强烈、激荡人心的场面中，就应该考虑到种种冲击因素，使镜头的变化速率与年轻观众的心理要求一致，以增强年轻观众的激动情绪，达到吸引其进行模仿的目的。

3）镜头组接的方法

镜头画面的组接除了采用光学原理的手段以外，还可以通过衔接规律，使镜头之间直接切换，使情节更加自然顺畅。下面，介绍几种有效的组接方法。

①连接组接：相连的两个或者两个以上的一系列镜头表现同一主体的动作。

②黑白格的组接：为造成一种特殊的视觉效果而使用，如闪电、爆炸、照相馆中的闪光灯效果等。组接的时候，可以将所需要的闪亮部分用白色画格代替，在表现各种车辆相接的瞬间组接若干黑色画格，或者在合适的时候采用黑白相间画格交叉。此形式有助于加强影片的节奏，渲染气氛、增强悬念。

③闪回镜头组接：用闪回镜头，如插入人物回想往事的镜头。这种组接技巧可以用来揭示人物的内心变化。

④拼接：有些时候，虽然在户外拍摄多次，拍摄的时间也相当长，但可以用的镜头却很短，达不到所需要的长度和节奏。在这种情况下，如果有同样或相似内容的镜头，就可以把它们当中可用的部分进行组接，以达到节目画面必需的长度。

⑤动作组接：借助人物、动物、交通工具等动作和动势的可衔接性，动作的连贯性、相似性，作为镜头的转换手段。

⑥特写镜头组接：上一个镜头以某一人物的某一局部（头或眼睛）或某个物件的特写画面结束，然后从这一特写画面开始，逐渐扩大视野，以展示另一情节的环境。其目的是让观众的注意力集中在某一个人的表情或者某一事物的时候，在不知不觉中就转换了场景和叙述内容，而不使观众产生陡然跳动的不适应感觉。

⑦声音转场：用解说词转场，这种技巧一般在科教片中比较常见。可用画外音和画内音互相交替转场，像一些电话场景的表现。此外，还有利用歌唱来实现转场的效果，并且利用各种内容换景。

⑧多屏画面转场：这种技巧有多画屏、多画面、多画格和多银幕等多种称呼，是近代影视艺术的新手法。把银幕或者屏幕一分为多，可以使双重或多重的情节齐头并进，大大地压缩了时间。如在电话场

景中，打电话时，两边的人都有戏；打完电话，打电话的人戏没有了，但接电话人的戏就开始了。

镜头的组接技法是多种多样的，应按照创作者的意图，根据情节的内容和需要而创造，没有具体的规定和限制。在具体的后期编辑中，可以尽量根据实际情况进行发挥，但不要脱离实际的情况和需要。

0.4 色彩原理

在人类的物质生活和精神生活发展的过程中，色彩始终焕发着神奇的魅力。人们不仅发现、观察、创造、欣赏着绚丽缤纷的色彩世界，还通过日久天长的时代变迁，不断深化着对色彩的认识和运用。人们对色彩的认识、运用过程是从感性升华到理性的过程。所谓理性色彩，就是借助人所独具的判断、推理、演绎等抽象思维能力，将从大自然中直接感受到的纷繁复杂的色彩印象予以规律性的揭示，从而形成色彩的理论和法则，并运用在色彩实践之中。

1）光源色、固有色

物体的颜色呈现是与照射物体的光源色，与物体的物理特性有关的。同一物体在不同的光源下将呈现不同的色彩：在白光照射下的白纸呈白色，在红光照射下的白纸呈红色，在绿光照射下的白纸呈绿色等。因此，光源色光谱成分的变化，必然对物体色产生影响。例如，白炽灯下的物体带黄，荧光灯下的物体偏青，电焊光下的物体偏浅青紫，晨辉与夕阳下的景物呈橘红、橘黄色，白昼阳光下的景物带浅黄色，月光下的景物偏青绿色等。光源色的光亮强度也会对照射物体产生影响，强光下的物体色会变淡，弱光下的物本色会变得模糊、晦暗，只有在中等光线强度下的物体色最为清晰可见。

物理学家发现，光线照射到物体上以后，会产生吸收、反射、透射等现象；而且，各种物体都具有选择性地吸收、反射、透射色光的特性。以物体对光的作用而言，大体可分为不透光和透光两类，通常称为不透明体和透明体。对于不透明物体，它们的颜色取决于对波长不同的各种色光的反射和吸收情况。如果一个物体几乎能反射阳光中的所有色光，那么该物体就是白色的；反之，如果一个物体几乎能吸收阳光中的所有色光，那么该物体就呈黑色。如果一个物体只反射波长为700 nm左右的光，而吸收其他各种波长的光，那么这个物体看上去则是红色的。可见，不透明物体的颜色是由它所反射的色光决定的，实质上是指物体反射某些色光并吸收某些色光的特性。透明物体的颜色是由它所透过的色光决定的。红色的玻璃之所以呈红色，是因为它只透过红光，吸收了其他色光的缘故。照相机镜头上用的滤色镜，不是指将镜头所呈颜色的光滤去，实际上是让这种颜色的光通过，而把其他颜色的光滤去。由于每一种物体对各种波长的光都具有选择性地吸收与反射、透射的特殊功能，所以它们在相同条件下（如光源、距离、环境等因素），就具有相对不变的色彩差别。人们习惯把白色阳光下物体呈现的色彩效果，称为物体的“固有色”。如白光下的红花绿叶绝不会在红光下仍然呈现为红花绿叶，红花可显得更红些，但由于绿叶并不具备反射红光的特性，相反吸收红光，因此绿叶在红光下就呈现黑色了。此时，感觉为黑色叶子的黑色仍可认为是绿叶在红光下的物体色。而绿叶之所以为绿叶，是因为在常态光源（阳光）下呈绿色，绿色就约定俗成地被认为是叶子的固有色。严格来说，所谓的固有色应是指“物体固有的物理属性”在常态光源下产生的色彩。

光的作用与物体的特征，是构成物体色的两个不可缺少的条件，它们即互相依存又互相制约。只强调物体的特征而否定光源色的作用，物体色就变成无源之水；只强调光源色的作用而不承认物体的固有特性，也就否定了物体色的存在。同时，在使用“固有色”一词时，切勿误解为某物体的颜色是固定不变的，这种偏见就是在研究光色关系和色彩写生时必须克服的“固有色观念”。

2）色彩的属性

（1）色相

色相即每种色彩的相貌、名称，如红、橘红、翠绿、湖蓝等。色相是区分色彩的主要依据，是色彩的最大特征。色相的称谓，即色彩与颜料的命名，而命名又有多种类型与方法。

（2）明度

明度即色彩的明暗差别，也即深浅差别。色彩的明度差别包括两个方面：一是指某一色相的深浅变化，如同一颜色在强光或弱光下产生的深浅变化，同一颜色加黑或加白出现的不同明暗层次。二是指不同色相之间存在的明度差别，如中黄最浅，紫最深，橙和绿、红和蓝处于相近的明度。

（3）纯度

纯度即各色彩中包含的单种标准色成分的多少。纯色的色感强，即色度强，所以纯度也是色彩感觉强弱的标志。颜色的纯度是指将多种颜色不同程度地进行混合，产生各种带有一定色彩偏向的灰色，如浅黄灰色、棕灰色、深蓝灰色、墨绿灰色等。画家用各种带有色彩偏向的灰色来表现淡雅、柔美等情调。

不同色相所能达到的纯度是不同的，其中红色纯度最高，由黄色与蓝色混合产生的绿色纯度相对低些，混合的颜色越多纯度就越低。

3）三原色

原色又称为基色，即用以调配其他色彩的基本色。原色的色纯度最高，最纯净、最鲜艳，可以调配出绝大多数色彩（理论上，三原色可以调配出所有的颜色），而其他颜色不能调配出三原色。图0-6所示的是色光加色法和色料减色法示意图，其中左图是色光的三原色：红（Red）、绿（Green）、蓝（Blue）；右图是色料（颜料）的三原色：黄（Yellow）、品红（Magenta）、青（Cyan）。

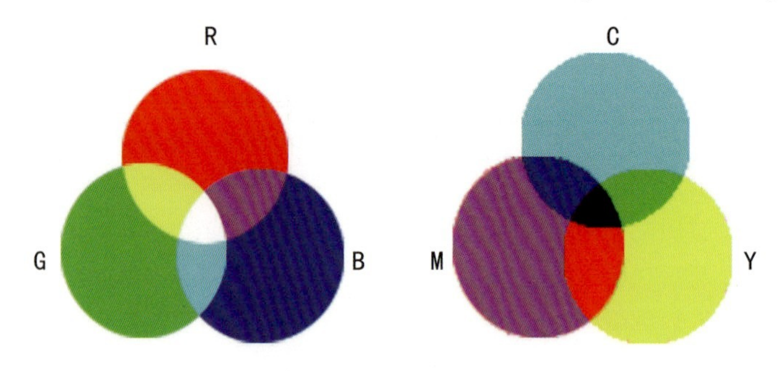

图0-6　色光加色法和色料减色法示意图

色光三原色是指红、绿、蓝三色，各自对应的波长分别为700 nm、546.1 nm、435.8 nm，光的三原色和物体的三原色是不同的。光的三原色按一定比例混合可以呈现各种光色。根据托马斯·杨和赫尔姆豪兹的研究结果，这三种原色确定为红、绿、蓝（相当于颜料中的大红、中绿、群青的色彩感觉）。彩色电视屏幕就是由红、绿、蓝三种发光的颜色小点组成的。将这三原色按照不同比例和强弱混合，可以产生自然界中各种色彩的变化。颜料和其他不发光物体的三原色是品红（相当于玫瑰红、桃红）、品青（相当于较深的天蓝、湖蓝）、浅黄（相当于特样黄）。由英国化学家富勃斯特（1781—1868年）研究选定的这三原色可以混合出多种多样的颜色，不过不能调配出黑色，只能混合出深灰色。因此，在彩色印刷中，除了使用的三原色外，还要增加一版黑色，这样才能得出深重的颜色。

在美术上，又把红、绿、蓝定义为色彩三原色，但是品红加适量的黄可以调出大红（红=M1.00+Y100），而大红却无法调出品红；青加适量的品红可以得到蓝（蓝=C100+M100），而蓝加绿得到的却是不鲜艳的青；用黄、品红、青三色能调配出更多的颜色，而且纯正、鲜艳。用青加黄调出的绿（绿=Y100+C100），比蓝加黄调出的绿更加纯正与鲜艳，而后者调出的绿却较为灰暗。品红加青调出的紫是很纯正的（紫=C20+M80），而大红加蓝只能得到灰紫。此外，从调配其他颜色的情况来看，都是以黄、品红、青为其原色，其色彩更为丰富、色光更加纯正鲜艳。

0.5 数字视频基础

数字视频就是先用摄影机之类的视频捕捉设备将预期的外界影像转换成电信号，再记录到存储设备上。为了达到所需的效果，需要进行后期编辑。在此之前，有必要对视频的基础知识进行了解。

1）视频的概念和分类

（1）视频的概念

“Video”就是所谓的视频，在日常生活中看到的电影、电视、DVD、VCD等都属于视频的范畴。简单地说，视频是活动的图像，就如像素是一幅数字图像的最小单元一样，一幅幅静止图像组成了视频，图像是视频最基本的单元。在视频中，把每幅图像称为一帧（Frame）；在电影中，把每幅图像称为一格。

因为视频是活动的图像，所以当以一定的速率将一幅幅画面投射到屏幕上时，由于人眼的视觉暂留效应，视觉就会产生动态画面的感觉，这就是电影和电视的由来。对于人眼来说，若每秒播放24格（电影的播放速率）、25帧（PAL制式电视的播放速率）或30帧（NTSC制式电视的播放速率），就会产生平滑和连续的画面效果。

（2）视频的分类

从视频信号的组成和存储方式来讲，视频可以分为模拟视频和数字视频两种。模拟视频简单地说就是由连续的模拟信号组成的视频图像，电影、电视、VHS录像带上的画面通常都是以模拟视频的形式出现的。数字视频是区别于模拟视频的数字式视频，它把图像中的每一个点（称为像素）都用二进制数字组成的编码来表示，可对图像中的任何地方进行修改，这也正是数字视频魅力无穷的原因。平时所说的开路电视（用天线接收的电视模式）就是模拟视频信号传送的画面，而机顶盒和有线电视接收的是数字视频信号传送的画面。

视频信号往往是和音频信号相伴的，一个完整的信号需要将音频和视频结合起来形成一个整体。经常使用的录像带就是将磁带分为两个区域，分别用来记录视频信号和音频信号；在播放时，再将视频、音频信号同时播放出来。

2）电视制式

电视信号的标准也称为电视制式，在制作影视节目之前，需要对制式要求有所了解。目前各国的电视制式标准不同，制式的区分主要在于其帧频（场频）的不同、分解率的不同、信号带宽及载频的不同、色彩空间转换关系的不同等。目前世界上主要使用的电视制式有PAL、NTSC、SECAM 3种，中国市场上买到的正规进口的DV产品都是PAL制式的。

（1）NTSC制

正交平衡调幅制（National Television System Committee）是1952年12月由美国国家电视标准委员会制定的彩色电视标准。其帧频为每秒29.97帧，场频为每秒60场。这种制式解决了彩色电视和黑白电视兼容的问题，但也存在失真、色彩不稳定等缺点。采用这种制式的国家主要有美国、加拿大和日本等。

（2）PAL制

正交平衡调幅逐行倒相制简称PAL制（Phase Alternating Line），是由德意志联邦共和国在1962年制定的彩色电视标准。其帧频为每秒25帧，场频为每秒50场。它克服了NTSC制式因相位敏感造成的色彩失真的缺点，采用这种制式的国家主要有中国、德国、英国和其他一些西北欧国家。由于不同国家的参数不同，PAL制还分为G、I、D等制式。我国采用的是PAL-D制式。

（3）SECAM制

这就是行轮换调频制（Sequential Couleur Avec Memoire），它按照顺序传送与存储彩色电视系统，是由法国研制的一种电视制式。其帧频每秒25帧，每帧625行。其特点是不怕干扰、色彩保真度高。采用这种制式的国家有法国、东欧和中东一些国家。

在Premiere非线性编辑系列软件中，每当新建一个工作项目时都会要求选择编辑模式，目的是匹配不同的电视制式。我国常用的模式是DV-PAL制，每秒25帧。

3）标清、高清、2 K和4 K的概念

视频格式大致可以分为标清（1SD）和高清（HD）两类。标清和高清是两个相对的概念，不是文件格式的差异，而是尺寸上的差别。

对于非线性编辑而言，标清格式的视频素材主要有PAL制式和NTSC制式。一般PAL DV的图像像素尺寸为720像素x576像素，而NTSC DV的图像尺寸为720像素x480像素。DV的画质标准就能满足标清格式的视频要求。

高清就是分辨率高于标清的一种标准，通常可视垂直分辨率高于576线标准的即为高清，其分辨率常为1 280像素X720像素或者1 920像素X1 080像素，帧宽高比为16：9。高清的视频画面质量和音频质量都比标清要高。需要注意的是，高清视频应该采用全帧传输，也就是逐行扫描。区别逐行还是隔行扫描的方式是看帧尺寸后面的字母。高清格式通常用垂直线数来代替图像的尺寸，比如1 080 i或者720 p，就表示垂直线数是1 080或者720。i代表隔行扫描，p代表逐行扫描。高清视频中还出现i帧，是为了向下兼容，向标清播放设备兼容。

2 K和4 K标准是在高清之上的数字电影（Digital Cinema）格式，2 K是指图片水平方向的线数，即2 048线（1 K=1 024），4 K是指图片水平方向的线数为4×1 024。它们的分辨率分别为2 048像素×1 365像素和4 096像素×2 730像素。不同视频图像的帧尺寸如图0-7所示。

图0-7　不同视频图像的帧尺寸

4）流媒体与移动流媒体

流媒体（Streaming Media）是指采用流式传输的方式在Internet以及无线网络上进行实时的、无须下载等待的播放技术。流媒体也叫流式媒体，是边传边播的媒体，是多媒体的一种。商家用一个视频传送服务器把节目当成数据包发出，传送到网络上；用户通过解压设备对这些数据进行解压后，就可以观看视频内容了。主流的流媒体技术有3种，分别是RealNetworks公司的Real Media、Microsoft公司的

Windows Media Technology和Apple公司的QuickTime。

目前主流的流媒体格式包含声音流、视频流、文本流、图像流以及动画流等。

①RA：实时声音。

②RM：实时视频或音频的实时媒体。

③RT：实时文本。

④RP：实时图像。

⑤SML：同步的多重数据类型综合设计文件。

⑥SW：Macromedia的Real Flash和 Shocbave Flash动画文件。

⑦RPM：HTML文件的插件。

⑧RAM：流媒体的源文件，是包含RA、RM、SMIL文件地址（URL地址）的文本文件。

⑨CSF：一种类似媒体容器的文件格式，可包含多种媒体格式。

移动流媒体是在移动设备上实现的视频播放功能，一般情况下移动流媒体的播放格式是3GP格式。目前使用较多的是4 G手机上网，在线接收移动流媒体信息。非线性编辑软件Premiere Pro CS5.5可以将编辑后的影片输出为指定的流媒体格式，并通过Adobe Media Server将其发布到Internet或无线网络的各种终端进行流媒体的播放。

5）帧速率与像素比

电影和电视等视频是利用人的眼睛视觉暂留原理来产生运动影像的，视频是由一系列的单独图像（即帧）组成的，图像是由像素组成的。帧速率是指每秒多少帧，像素比是指影像像素的长宽比。

（1）帧速率

帧速率即帧/秒（Frames Per Second，FPS），是指每秒播放图片的帧数，也可以理解为图形处理器每秒能够刷新几次。对影片内容而言，帧速率是指每秒所显示的静止帧格数。在正常情况下，帧速率越高，可以得到更流畅、更逼真的运动画面效果，也就是说，每秒帧数（FPS）越多，所显示的动作就会越流畅。影片中的影像就是由一张张连续的画面组成的，每幅画面就是一帧，PAL制式为每秒25帧，NTSC制式为每秒30帧，而电影是每秒24帧。

（2）像素比

像素是构成位图的基本单位，像素比是指图像一帧的宽度与高度之比。像素分为方形像素（1.0像素比）和矩形像素（0.9像素比）。DV基本上使用矩形像素，在NTSC视频中是纵向排列的，而在PAL制视频中是横向排列的。使用计算机图形软件制作生成的图像大多使用方形像素。在Premiere中，其像素的长宽比都是可调整的。

6）线性编辑与非线性编辑

视频编辑的方法大体可以分为线性编辑和非线性编辑两类。

（1）线性编辑

线性编辑的过程就是使用放像机插放视频素材，当播放到需要的片段时就用录像机将其录制到磁带中，然后再播放素材继续找下一个需要的镜头。如此反复播放和录制，直至把所有需要的素材片段都按事先规划好的顺序录制下来。

线性编辑过程烦琐，并且只能按照时间顺序进行编辑。线性编辑系统所需要的设备较多，如放像机、录像机、特技发生器、字幕机等，工作流程十分复杂，投资大，费时费力。

（2）非线性编辑

非线性编辑可以直接从计算机的硬盘中以文件的方式快速、准确地存取素材进行编辑，可以随意更改素材的长短、顺序，并可以方便地进行素材查找、定位、编辑、设置特技功能等操作。非线性编辑系统还具有信号质量高、制作水平高、节约投资、方便传输数码视频、实现资源共享等优点。目前，绝大多数的电视电影制作机构都采用了非线性编辑系统。

非线性编辑系统由硬件系统和软件系统两部分组成。硬件系统主要由计算机、视频卡或IEEE1394卡、声卡、高速AV硬盘、专用芯片、带有SDI标准的数字接口以及外围设备构成。图0-8所示为非线性编辑系统部分硬件设备。非线性编辑软件系统主要由非线性编辑软件以及其他多媒体处理软件等软件构成。本书介绍的Premiere Pro CS5.5就是一个主流的非线性编辑软件。

图0-8　非线性编辑系统设备

0.6 常见文件格式

1）常见视频格式

视频格式可以分为适合本地播放的本地影像视频和适合在网络上播放的网络流媒体影像视频两大类。尽管后者在播放的稳定性和播放画面质量上没有前者优秀，但网络流媒体影像视频的广泛传播性使其被广泛应用于视频点播、网络演示、远程教育、网络视频广告等互联网信息服务领域。

（1）AVI格式

AVI即音频视频交错格式，是将语音和影像同步组合在一起的文件格式。它由微软公司开发，支持的播放软件有Windows Media Player、DivX Player、QuickTime Player、RealPlayer等，应用范围比较广，可以跨多个平台使用。它对视频文件采用了一种有损压缩方式，但压缩比较高，因此尽管画面质量不是太好，但其应用范围仍然非常广泛。

（2）MPEG格式

MPEG的全名为Moving Pictures Experts Group/Motin Pictures Experts Group，中文译名是动态图像专家组。它是应用最为普遍的一种视频格式，家里常看的VCD、DVD就是这种格式。绝大多数播放软件均可播放该文件格式，如快乐影音、Windows Media Player、RealPlayer等。MPEG标准的视频压缩编码技术主要利用了具有运动补偿的帧间压缩编码技术以减小时间冗余度，利用DCT技术以减小图像的空间冗余度，利用熵编码则在信息表示方面减小了统计冗余度。这几种技术的综合运用，大大增强了压缩性能。MPEG格式包括MPEG视频、MPEG音频和MPEG系统（视频、音频同步）3个部分，MP3（MPEG-3）音频文件就是MPEG音频的一个典型应用；视频方面则包括MPEG-1、MPEG-2和MPEG-4 3个主要的压缩标准。

（3）DivX格式

这是由MPEG-4衍生出的另一种视频编码（压缩）标准，也是通常所说的DVDrip格式。它采用了MPEG-4的压缩算法，同时又综合了MPEG-4与MP3各方面的技术。就是使用DivX压缩技术对DVD盘片的视频图像进行高质量压缩，同时用MP3或AC3对音频进行压缩，然后再将视频与音频合成并加上相应的外挂字幕文件而形成的视频格式。其画质直逼DVD，并且体积只有DVD的几分之一。这种编码对机器的要求不高，制作成本也要低得多，所以DivX视频编码技术可以说是一种对DVD造成威胁最大的新生视频压缩格式。

（4）MOV格式

这是由美国Apple公司开发的一种视频格式，默认的播放器是苹果的QuickTime Player，具有较高的压缩比和较完美的视频清晰度等特点。但是，其最大的特点还是跨平台性，即不仅能支持Mac OS，同样也能支持Windows系列。

（5）RM/RA/RMVB格式

RM/RA是Real Networks公司所制定的音频/视频压缩规范Real Media中的一种。Real Media是目前因特网上最流行的跨平台多媒体应用标准，其采用音频、视频流和同步回放技术实现了网上全带宽的多媒体播放。RMVB是一种由RM视频格式升级延伸出的新视频格式，它的先进之处在于RMVB视频格式打破了原先RM格式那种平均压缩采样的方式，在保证平均压缩比的基础上合理利用比特率资源。比如，在静止和动作场面少的画面场景采用较低的编码速率，这样可以留出更多的带宽空间，而这些带宽会在出现快速运动的画面场景时被利用。这样在保证了静止画面质量的前提下，大幅度地提高了运动图像的画面质量，从而在图像质量和文件大小之间力求保持平衡。

（6）WMV格式

它的英文全称为Windows Media Video，也是微软公司推出的一种采用独立编码方式并且可以直接在网上实时观看视频节目的文件压缩格式，主要应用于微软公司出品的视频格式文件播放软件Windows Media Player。WMV的主要优点包括本地播放或网络回放、可扩充的媒体类型、部件下载、可伸缩的媒体类型、流的优先级化、多语言支持、环境独立性及扩展性等。

（7）FLV格式

它是Flash Video的简称，FLV流媒体格式是随着Flash MX的推出发展而来的视频格式。由于它形成的文件极小、加载速度极快，使得网络观看视频文件成为可能。它的出现有效地解决了视频文件导入Flash后，导出的SWF文件体积庞大、不能在网络上很好地使用等缺点。因此，FLV成了当今主流视频格式之一。

（8）ASF格式

它的英文全称为Advanced Streaming Format，是微软公司为了与现在的RealPlayer竞争而推出的一种视频格式，用户可以直接使用Windows自带的Windows Media Player对其进行播放。由于它使用了MPEG-4的压缩算法，所以压缩率和图像的质量都很不错（高压缩率有利于视频流的传输，但图像质量肯定会有损失，因此有时候ASF格式的画面质量不如VCD是正常的）。

2）常见音频格式

动感的视频作品如果没有声音或音乐为其伴奏或配音，那这个作品无疑是美中不足的。Premiere支持多种音频文件格式，常用的音频格式有MP3、WAV、MIDI、WMA、MP4、CD、APE等，下面逐一进行介绍。

（1）MP3格式

MP3格式诞生于20世纪80年代，指的是MPEG标准中的音频层部分。MP3全称是MPEG Audio Laye-3，是目前数码播放器的第一大标准，应用最为广泛，以至于格式名称都成了播放器约定俗成的名字。这个格式将音乐以1：10甚至更高的压缩比进行压缩，节省了大量的存储空间，是一种有损的音频压缩编码技术。由于其文件小、音质好，因此有良好的发展前景。对于视频编辑来说，MP3格式音乐文件的来源最为广泛，制作也非常简单，与其他媒介和PC有很好的兼容性，在Premiere中可以对MP3进行任意的非线性编辑。

（2）WAV格式

WAV是微软公司开发的一种声音文件格式，也称波形声音文件格式，是最早的数字音频格式，Windows平台及其应用程序都支持这种格式。这种格式支持MSADPCM、CCITTALAW等多种压缩算法。标准的WAV格式和CD一样，也是44.1 kHz的采样频率，速率为88 kbit/s，16位量化位数。因此，WAV的音质和CD差不多，也是目前广为流行的声音文件格式，几乎所有的音频编辑软件都能识别WAV格式。

（3）MIDI格式

MIDI（Musical Instrument Digital Interface）又称乐器数字接口，是数字音乐电子合成乐器的国际统一标准。它定义了计算机音乐程序、数字合成器及其他电子设备交换音乐信号的方式，规定了不同厂家的电子乐器与计算机连接的电缆、硬件及设备之间进行数据传输的协议。MIDI格式的最大用处是在计算机作曲领域。MIDI文件可以用作曲软件写出，也可以通过声卡的MIDI接口把外接音序器演奏的乐曲输入计算机中，制成“*. mid”文件。

（4）WMA格式

WMA的全称是Windows Media Audio，是微软公司力推的一种音频格式。WMA格式是以减少数据流量但保持音质的方法来达到更高压缩率的目的，其压缩率一般可以达到1：18，生成的文件大小只有相应MP3文件的一半。WMA支持流技术，即一边读一边播放。因此，WMA可以很轻松地实现在线广播，在微软公司的大力推广下，这种格式被越来越多的人所接受。

（5）MP4格式

MP4采用的是美国电话电报公司（AT&T）所研发的以“知觉编码”为关键技术的a2b音乐压缩技术，

由美国网络技术公司（GMO）及RIAA联合公布的一种新的音乐格式。MP4在文件中采用了保护版权的编码技术，只有特定的用户才可以播放，有效地保证了音乐版权的合法性。另外，MP4的压缩比达到了1：15，体积比MP3更小，但音质却没有下降。

（6）CD格式

大家都很熟悉CD这种音乐格式，扩展名为“cda”，其取样频率为44.1 kHz，16位量化位数，跟WAV一样。但CD存储采用了音轨的形式，又称为“红皮书”格式，记录的是波形流，是一种近似无损的格式。一个CD音频文件是一个“*. cda”文件，这只是一个索引信息，并不是真正的包含声音信息。所以，不论CD音乐的长短，在计算机上看到的“*. cda文件”都是44字节长。因此，不能直接复制CD格式的“*. cda”文件到硬盘上播放，需要使用抓音轨软件把CD格式的文件转换成WAV格式在计算机上播放或者编辑。

（7）APE格式

APE是Monkey's Audio提供的一种无损压缩格式。与MP3这类有损压缩方式不同，APE是一种无损压缩音频技术，也就是说，从音频CD上读取的音频数据文件压缩成APE格式后，再将APE格式的文件还原，而还原后的音频文件与压缩前的一模一样，没有任何损失。APE的文件大小大约为CD文件格式的一半，可以节约大量的资源。

3）常见图片格式

图形文件的格式是计算机存储一幅图的方式与压缩方法，要针对不同的程序和使用目的来选择需要的格式。不同的图形程序也有各自的内部格式，如PSD是Photoshop本身的格式，由于内部格式带有软件的特定信息，如图层与通道等，其他一些图形软件一般不能直接打开它。Premiere软件常用的图像格式有十几种之多，现对常见的几种格式分别进行简要介绍。

（1）BMP格式

BMP格式是微软公司Windows应用程序所支持的格式，基本上所有的图像处理软件都支持BMP格式。BMP格式可简单地分为黑白、16色、256色、真彩色4种。在存储时，BMP格式可以使用无损压缩方式进行数据压缩，既能节省磁盘空间，又不损害图像数据。随着Windows操作系统的广泛普及，BMP格式的影响越来越广泛，但其劣势也比较明显，就是图像文件的体积比较庞大。

（2）JPG格式

JPG格式是JPEG的缩写，JPEG几乎不同于当前使用的任何一种数字压缩方法，它无法重建原始图像。但是，JPG格式以存储颜色变化的信息为主，特别是亮度的变化。因为人眼对亮度的变化非常敏感，所以它只是选择丢失那些不会引人注目的部分。在没有特别声明的情况下，其一般代表有损压缩方式。

（3）GIF格式

GIF格式的文件目前多用于网络传输，它形成一种压缩的8位图像文件，可以随着它下载的过程，从模糊到清晰逐渐演变显示在屏幕上。GIF格式的不足之处在于它只能处理256色，不能用于存储真彩色图像。

（4）PSD格式

PSD格式是Photoshop的一种专用覆盖格式。PSD格式采用了一些专业压缩方法，在Photoshop中应用时，存取速度很快。Adobe Premiere软件作为Adobe公司的又一作品，与Photoshop有着千丝万缕的联系。在制作字幕、静态背景和自定义的滤镜时，图像格式与其他格式一样，直接存储RGB三原色的浓度值而不使用彩色映射（调色板）。对存储为PSD格式图片，在Adobe Premiere中可以直接使用。

（5）TIFF格式

TIFF格式是由Aldus公司（1995年被Adobe公司收购）和微软公司联合开发的，它最早是为了存储扫描仪图像而设计的。TIFF格式的最大特点就是与计算机的结构、操作系统以及图形硬件系统无关。它可提供黑白、灰度、彩色图像的高品质表现，是存储无损图像的最佳选择之一，也是印刷领域的常用格式。但是，TIFF格式的缺点也较为明显，它的包罗万象造成结构较为复杂、变体很多、兼容性较差，需要大量的编程工作来全面译码。

（6）Targa格式

Targa格式已广泛地被国际上的图形、图像制作工业所接受。它最早用于支持Targa和Atvista图像捕获板，现已成为数字化图像及光线跟踪和其他应用程序（典型的如3ds max）所产生高质量的图像的常用格式。Targa格式的结构比较简单，属于一种图形、图像数据的通用格式。目前，大部分文件为24位或32位真彩色，在多媒体领域有着很大的影响。由于它是专门为捕获电视图像所设计的一种格式，所以，Targa图像格式成为电视领域转换高质量图像的一种首选格式。

0.7

Premiere Pro CS5.5 简介与安装

Adobe Premiere Pro CS5.5是目前较为流行的非线性编辑软件之一，是数码视频编辑的强大工具。它作为功能强大的多媒体视频、音频编辑软件，应用范围极广，制作效果也不错，足以帮助用户更加高效地工作。它以其新的合理化界面和通用高端工具，兼顾了广大视频用户的不同需求，在一个并不昂贵的视频编辑工具箱中，提供了前所未有的生产能力、控制能力和灵活性。Adobe Premiere Pro CS5.5是一个创新的非线性视频编辑应用程序，也是一个功能强大的实时视频和音频编辑工具，是一个视频爱好者们使用较多的视频编辑软件。

1）Premiere Pro CS5.5的新功能

①提升的性能，为新的回放引擎优化系统测试新引擎。

②新的非磁带格式导入，非磁带格式Red的R3d格式导入和OnLocation导入。

③GPU加速，使用新的Ultra Key。

④从脚本到屏幕的快速转移，让使用者了解从脚本到屏幕的流程，加强利用语音分析的参考脚本设置搜索点。

⑤编辑增强从DVD导入，使用新的编辑工具，更精确地控制关键帧，使用人脸侦测定位，剪辑从Final Cut Pro和Avid的Media Composer转移工程。

⑥改进导出，直接导出使用Adobe Media Encoder。

2）Premiere Pro CS5.5和辅助程序的安装

Premiere Pro CS5.5是Adobe Creative Suite 5.5 Production Premium或Adobe Creative Suite 5.5 Master Collection软件套装中的一个重要组件，安装时可以选择性地安装Premiere Pro CS5.5或其他组件，也可以购买Premiere Pro CS5.5的单装版进行安装。本节讲述用DVD-ROM光盘安装Premiere Pro CS5.5和汉化过程，使从未接触过Premiere Pro CS5.5的用户在最短的时间内了解并掌握Premiere Pro CS5.5的安装方法。

（1）Premiere Pro CS5.5的系统需求

Premiere Pro CS5.5的安装与之前的版本的最大区别就是要求操作系统必须是64位。因此，要求用户的操作系统必须为Windows Vista或Windows 7（在Windows XP下不能安装）。安装Premiere Pro CS5.5的系统要求具体如下：

①Intel®，Core™2 Duo或AMD Phenom＆reg，Ⅱ处理器，需要64位支持。

②需要64位操作系统，如Microsoft Windows Vista Home Premium、Business、Ultimate或Enterprise（带有Service Pack 1）或者Windows 7。

③2 GB内存（推荐4 GB或更大内存）。

④10 GB可用硬盘空间，用于安装，安装过程中需要额外的可用空间（无法安装在基于闪存的可移动存储设备上）。

⑤编辑压缩视频格式需要转速为7 200 r/min的硬盘驱动器，未压缩视频格式需要RAID0。

⑥1 280像素×900像素的屏幕，OpenGL 2.0兼容图形卡。

⑦GPU加速性能需要经Adobe认证的GPU卡。

⑧需要OHCI兼容型IEEE1394端口进行DV和HDV捕获、导出到磁带并传输到DV设备。

⑨ASIO协议或Microsoft Windows Driver Model兼容声卡。

⑩双1层DVD（DVD+-R刻录机用于刻录DVD，Blu-ray刻录机用于创建Blu-ray Disc媒体）兼容DVD-ROM驱动器。

⑪需要QuickTime 7.6.2软件实现QuickTime功能。

（2）安装Premiere Pro CS5.5

首先，找到hosts文件，该文件详细位置是C:\windows\system32\drivers\etc\hosts，用记事本打开hosts，在hosts中添加下列网址：

127.0.0.1 activate.adobe.com
127.0.0.1 practivate.adobe.com
127.0.0.1 ereg.adobe.com
127.0.0.1 activate.wip3.adobe.com
127.0.0.1 wip3.adobe.com
127.0.0.1 3dns-3.adobe.com
127.0.0.1 3dns-2.adobe.com
127.0.0.1 adobe-dns.adobe.com
127.0.0.1 adobe-dns-2.adobe.com
127.0.0.1 adobe-dns-3.adobe.com
127.0.0.1 ereg.wip3.adobe.com
127.0.0.1 activate-sea.adobe.com
127.0.0.1 wwis-dubc0-vip60.adobe.com
127.0.0.1 activate-sjc0.adobe.com
127.0.0.1 adobe.activate.com
127.0.0.1 209.34.83.73:443
127.0.0.1 209.34.83.73:43
127.0.0.1 209.34.83.73
127.0.0.1 209.34.83.67:443
127.0.0.1 209.34.83.67:43
127.0.0.1 209.34.83.67
127.0.0.1 ood.opsource.net
127.0.0.1 CRL.VERISIGN.NET
127.0.0.1 199.7.52.190：80
127.0.0.1 199.7.52.190
127.0.0.1 adobeereg.com
127.0.0.1 OCSP.SPO1.VERISIGN.COM
127.0.0.1 199.7.54.72：80
127.0.0.1 199.7.54.72

①将Premiere Pro CS5.5的安装光盘插入到DVD-ROM，安装程序将自动运行；或者可以进入光盘目录双击setup.exe进行安装，如图0-9所示。

图0-9 检查系统配置文件

②进入“Adobe软件许可协议”对话框，阅读软件许可协议，如图0-10所示，在“显示语言”下拉列表中选择“English”，单击“接受”按钮。

③打开“请输入序列号”对话框，输入序列号，如图0-11所示，单击“下一步”按钮。

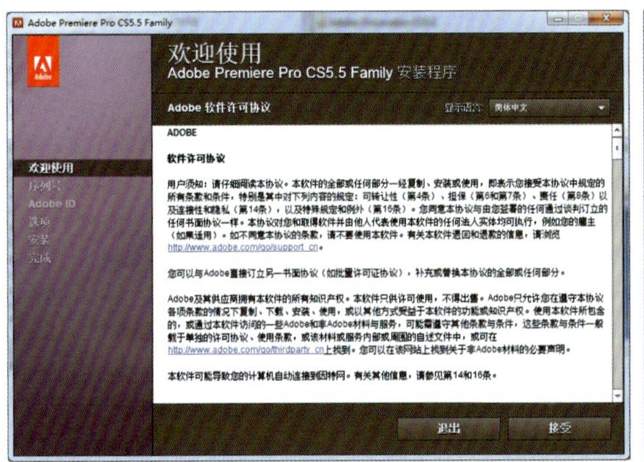

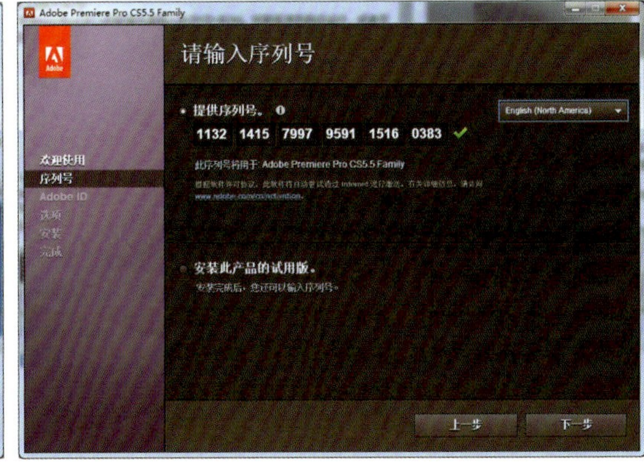

图0-10　“Adobe软件许可协议”对话框　　图0-11　“请输入序列号”对话框

④打开“输入Adobe ID”对话框，输入电子邮件：adobe@lencay.com，密码：csadobe. com，如图0-12所示，单击“下一步”按钮。

⑤打开“安装选项”对话框，用户可根据情况选择要安装的组件，选择“安装位置”，如图0-13所示，单击“安装”按钮。

⑥打开“安装选项”对话框，显示文件安装进度，软件安装完成。

⑦打开“谢谢”对话框，单击“完成”按钮，即可完成Premiere Pro CS5.5的安装。

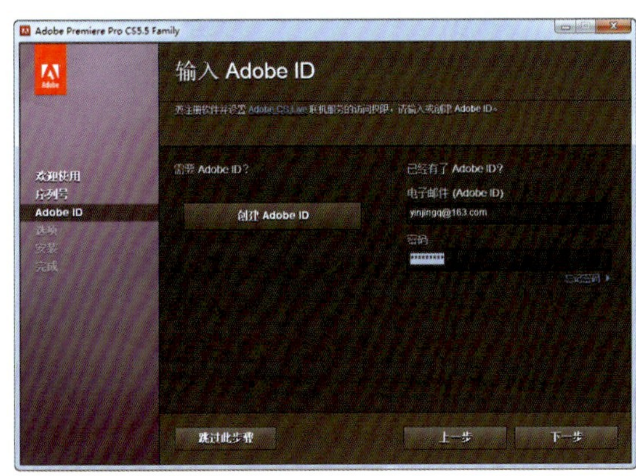

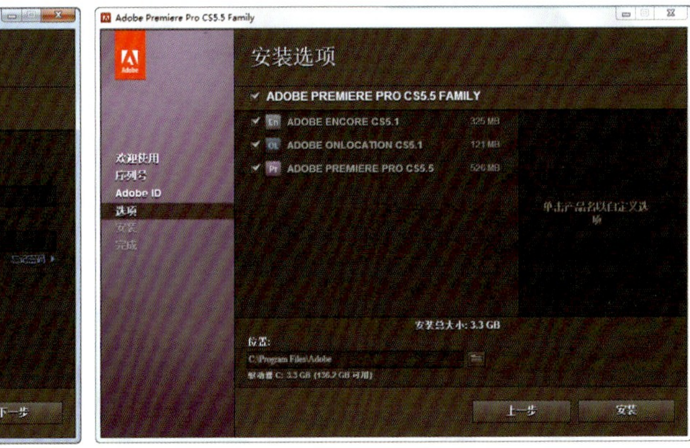

图0-12　“输入Adobe ID”对话框　　图0-13　“安装选项”对话框

（3）Premiere Pro CS5.5的汉化

以下是汉化安装的主要过程。

①在光盘目录下双击“Adobe Premiere Pro CS5.5中文化程序V1.00”进行安装。

②打开“Adobe Premiere Pro CS5.5中文化程序”对话框，如图0-14所示，单击“下一步”按钮。

③打开“许可协议”对话框，阅读软件许可协议，选择“我同意此协议”单选按钮，如图0-15所示，单击“下一步”按钮。

④打开“信息”对话框，阅读信息，如图0-16所示，单击“下一步”按钮。

⑤打开“选择目标位置”对话框，如图0-17所示，单击“下一步”按钮。

⑥打开“选择组件”对话框，用户可根据情况选择要安装的组件，如图0-18所示，单击“下一步”按钮。

⑦打开“选择开始菜单文件夹”对话框，如图0-19所示，单击“下一步”按钮。

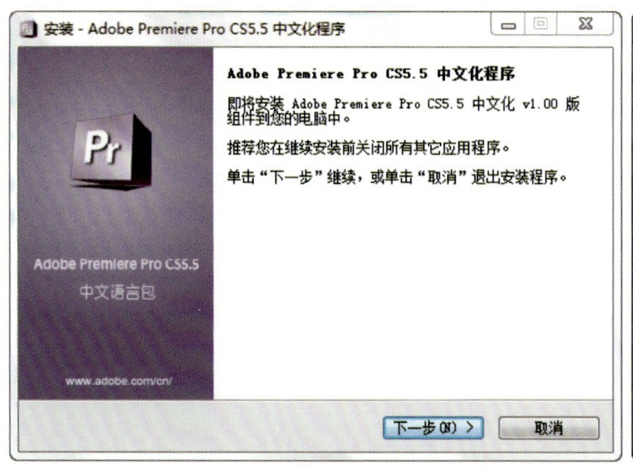

图0-14　“Adobe Premiere Pro CS5.5中文化程序”对话框

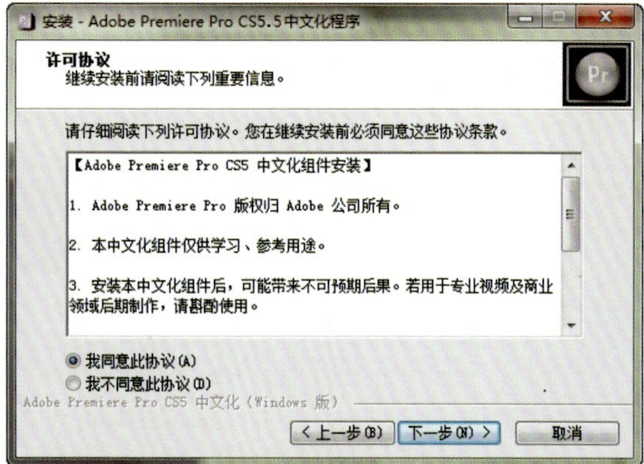

图0-15　“许可协议”对话框

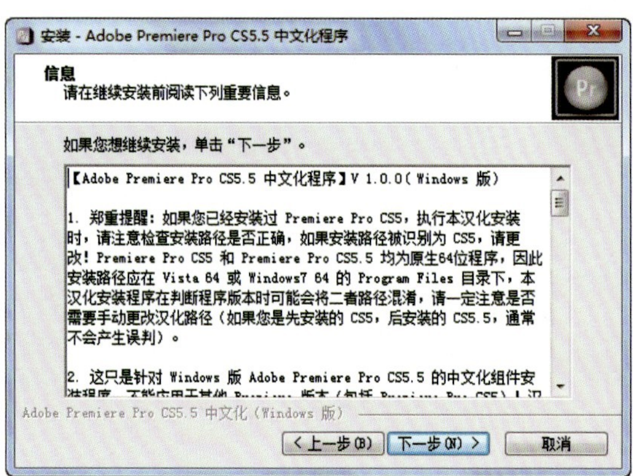

图0-16　“信息”对话框

图0-17　“选择目标位置”对话框

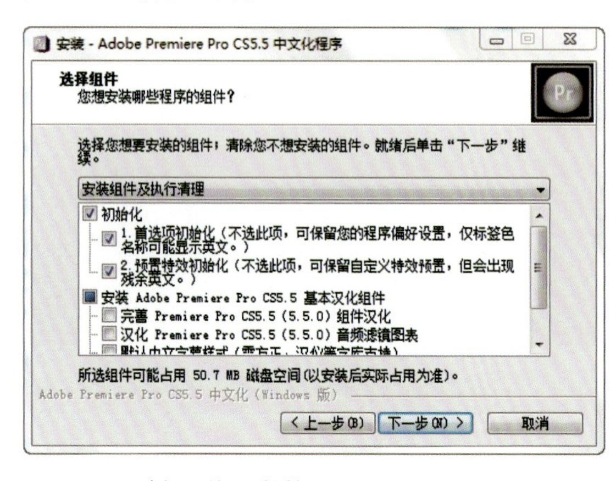

图0-18　“选择组件”对话框

图0-19　“选择开始菜单文件夹”对话框

⑧打开“选择附加任务”对话框，勾选“创建桌面快捷方式”复选框，单击“下一步”按钮。

⑨打开“准备安装”对话框，如图0-20所示，安装信息无误后，单击“安装”按钮。

⑩打开“正在安装”对话框，如图0-21所示。安装完成后，打开“Adobe Premiere Pro CS5.5中文化程序组件安装完成”对话框，如图0-22所示，单击“完成”按钮。

（4）安装播放及视频解码

在Premiere中进行影视内容的编辑时，需要使用大量不同格式的视频、音频素材内容。对于不同格式的视频、音频素材，首先要在计算机中安装对应解码格式的程序文件，才能正常地播放和使用这些素材。所以，为了尽可能地保证数字视频编辑工作的顺利完成，需要安装一些相应的辅助程序及所需要的

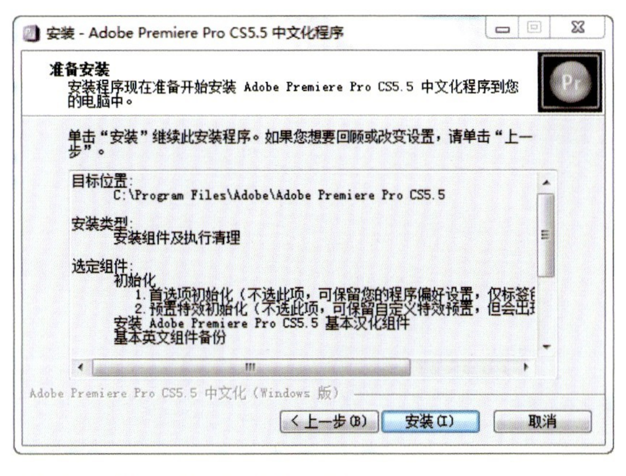

图0-20　“选择附加任务”对话框

图0-21　“正在安装”对话框

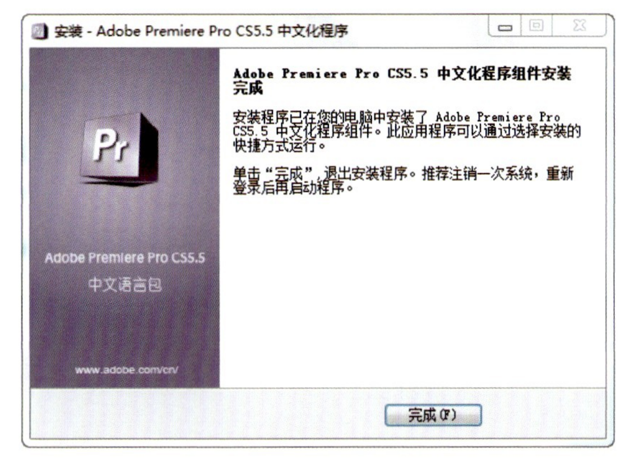

图0-22　“安装完成”对话框

视频解码程序。

①K-Lite Mega Codec Pack：知名的视频解码软件包，集合了目前绝大部分的视频解码。在安装了该软件之后，视频解码文件即可安装到系统中，绝大部分的视频文件都可以被顺利播放。图0-23即是该软件包的安装界面。

②QuickTime：Macintosh公司在Apple计算机系统中应用的一种跨平台视频媒体格式，具有支持互动、高压缩比、高画质等特点。很多视频素材都采用QuickTime的格式进行压缩保存。为了在Premiere中进行视频编辑时可以应用QuickTime的视频素材，就需要先安装好QuickTime播放器程序。该软件安装界面如图0-24所示。在Apple的官方网站下载最新版本的QuickTime播放器程序，再进行安装即可。

图0-23　“K-Lite Mega Codec Pack”对话框

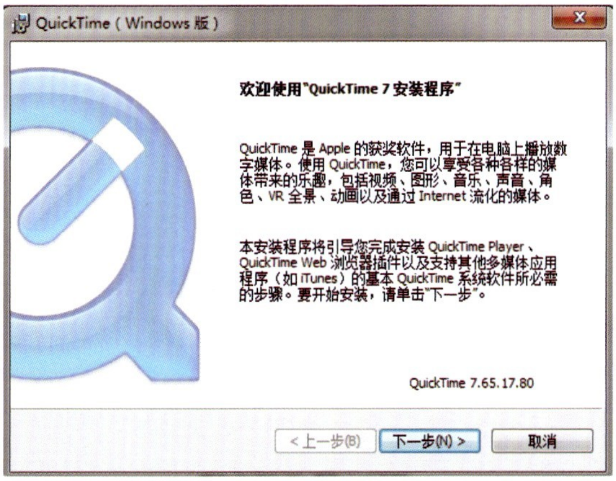

图0-24　“QuickTime”对话框

3）基本工作流程

使用Premiere Pro CS5.5编辑的视频无论是用于广播、DVD影碟还是网络，其制作都会遵循一个相似的流程，包括新建或打开项目、采集或导入素材、整合并剪辑素材、添加字幕、添加转场和特效、混合音频及输出。

（1）新建或打开项目

启动Premiere Pro CS5.5，在出现的快速开始屏幕中，可以选择新建项目或打开一个现有的项目。新建一个项目后，可以设置序列的视频标准和格式。

（2）采集或导入素材

使用采集窗口可以从DV摄录机中直接将素材转换并采集到计算机中。使用适当的硬件，可以采集为不同的格式。采集的每个文件都将自动变为项目中的素材片段。

使用项目窗口可以导入多种数字媒体，包括视频、音频和静态图片。Premiere Pro CS5.5还支持导入Illustrator生成的矢量格式图形或者Photoshop格式的图像，并且可以将After Effects的项目文件进行天衣无缝的转换，整合为一条完整的工作流程。可以很简单地创建一些常用的元素，如基本彩条、颜色背景和倒计时计数器等。

在项目窗口中，可以标记、分类素材，或将素材以文件夹的形式进行分组，从而对复杂的项目进行管理。使用项目窗口的图标视图还可以像故事板似的对素材进行规划，以快速装配序列。

（3）整合并剪辑素材

使用素材源监视器可以预览素材，设置编辑点，在将其添加到序列中之前，还可以对其他重要的帧进行标记。

可以使用拖曳的方式或使用素材源监视器的控制按钮将素材添加到时间线窗口的序列中，可以按照在项目窗口中的顺序，对其进行自动排列。编辑完毕后，可以在节目监视器中观看最终的序列，或者在外接的电视监视器上以全屏、全分辨率的方式进行观看。

在时间线窗口中，可以使用各种编辑工具对素材进行进一步的编辑；在专门的剪辑监视器中，可以精确地定位剪辑点；使用嵌套序列的方法，可以将一个序列作为其他序列的一个素材片段。

（4）添加字幕

使用Premiere Pro CS5.5中功能齐全的字幕设计器，可以简单地为视频创建不同风格的字幕或者滚动字幕。其中还提供了大量的字幕模板，可以随需求进行修改并使用。对于字幕，可以像编辑其他素材片段一样，为其设置淡入淡出、施加动画和效果等。

（5）添加转场和特效

效果窗口中包含了大量的转场和特效，可以使用拖曳或其他方式为序列中的素材施加转场和特效。在效果控制窗口或时间线窗口中，可以对效果进行控制并创建动画，还可以对转场的具体参数进行设置。

（6）混合音频

基于轨道音频编辑，Premiere Pro CS5.5中的音频混合器相当于一个全功能的调音台，可以实现各种音频编辑。Premiere Pro CS5.5还支持实时音频编辑，使用合适的声卡可以通过传声器进行录音或者混音输出5.1环绕声。

（7）输出

影片编辑完毕后，可以输出到多种媒介——磁带或者影音文件。而使用Adobe媒体编码器，可以对视频进行不同格式的编码，用于输出影碟或网络媒体。

习题和答案 0

项目1
MV和卡拉OK的编辑

【项目导读】

电视节目的编辑就是电视节目后期制作，即将原始的素材镜头编辑成电视节目所必需的全部工作过程，如撰写文字脚本、整理素材镜头、配合语言文字稿、录音、加字幕和图形、编辑音响效果和音乐、审查与修改。最后，把素材镜头组合编辑成播出片。

1981年8月，一家专门从事播放可视歌曲的电视台——音乐电视台（MTV）应运而生，这家商业电视台成为历史上最热门的有线电视台之一。

MTV重在音乐，影像不过是点缀而已，完全配合音乐而来。歌手推出自己的MTV，主要是宣传歌曲。

MV是一种视觉文化，是建立在音乐、歌曲结构上的流动视觉。视觉是音乐听觉的外在形式，音乐是视觉的潜在形态。它应该是利用电视画面手段来补充音乐所无法涵盖的信息和内容。要从音乐的角度创作画面，而不是从画面的角度去理解音乐。

卡拉OK是一种伴奏系统，演唱者可以在预先录制的音乐伴奏下演唱。卡拉OK能通过声音处理使演唱者的声音得到美化与润饰，当声音再与音乐伴奏有机结合时，就变成了浑然一体的立体声歌曲。

【技能目标】

能使用Premiere Pro CS5.5进行视频素材的采集、编辑，声音的录制及编辑，字幕制作，输出各种音、视频格式，完成卡拉OK及MV的制作。

【知识目标】

1.掌握视频的采集、编辑，声音的录制及编辑。

2.掌握片头字幕、滚动字幕及复述性文字的制作。

3.学会正确地输出各种视频、音频格式。

【依托项目】

视频的组接、音频的编辑、字幕的制作、影片的输出，它们让观众相信自己在电视上看到和听到的都是真实的，让观众从其中感觉到影视的魅力。我们把制作卡拉OK及MV当作一个任务来完成。

【项目解析】

要制作卡拉OK及MV，首先应写出策划稿，进行视频素材的拍摄。然后，进行视频的编辑、添加字幕、配音、制作片头片尾及添加特效。我们可以将卡拉OK、MV分成6个子任务来处理，第1个任务是素材的采集、导入与管理，第2个任务是影片的剪辑，第3个任务是音频的编辑，第4个任务是字幕的制作，第5个任务是影片的输出，第6个任务是综合实训项目。

任务1.1

素材的采集、导入与管理

【问题的情景及实现】

进入Premiere Pro CS5.5后的第一步工作，就是根据剧本及拍摄的素材，采集、输入片段，为节目制作准备素材。所要采集、输入的片段，主要是视频、音频、动画、图像和图形等。片段采集、输入后，都存放在项目窗口。

1.1.1 项目的创建与设置

项目是一个包含了序列和相关素材的Premiere Pro CS5.5 的文件，与其中的素材之间存在链接关系。项目中储存了序列和素材的一些相关信息，如采集设置、转场和音频混合等。项目中还包含了编辑操作的一些数据，如素材剪辑的入点和出点以及各个效果的参数。在每个新项目开始的时候，Premiere Pro CS5.5 会在磁盘空间中创建文件夹，用于存储采集文件、预览和转换音频文件等。

每个项目都包含一个项目窗口，其中储存着所有项目中所用的素材。

1）创建与使用项目

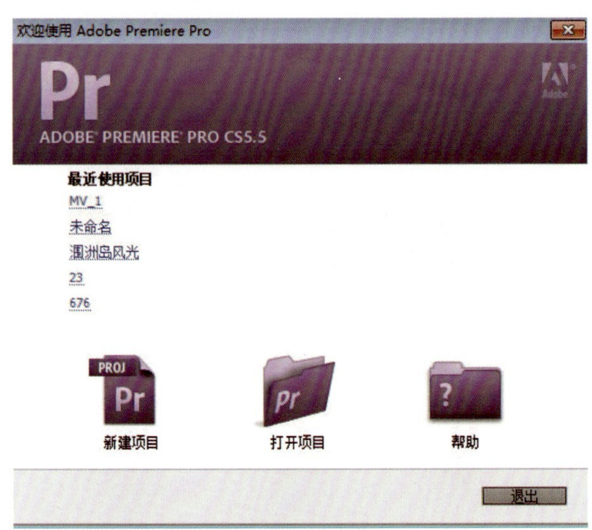

图1-1 欢迎屏幕

启动Premiere Pro CS5.5 后，首先会出现一个欢迎屏幕。在其中单击“新建项目”或“打开项目”按钮，可以分别进行新建或打开项目，而在“最近使用项目”列表中会列出5个最近使用过的项目。欢迎屏幕如图1-1所示，单击项目名称可以将其打开。

如果当前Premiere Pro CS5.5 正在运行一个项目，则执行菜单命令“文件”→“新建”→“项目”，可以新建一个项目，并关闭当前项目；执行菜单命令“文件”→“打开项目”，可以打开一个已存储于磁盘空间中的项目，并关闭当前项目；执行菜单命令“文件”→“打开最近项目”，可以在其子菜单中选择最近使用过的5个项目，并将其打开；执行菜单命令“文件”→“关闭”，可以将当前项目关闭，并回到欢迎屏幕界面；执行菜单命令“文件”→“保存/另存为/保存副本”，可以分别将项目进行保存、另存为或保存为一个副本。

2）项目设置

在新建一个项目之前，必须进行项目的相关设置。在欢迎屏幕中单击“新建项目”，或执行菜单命令“文件”→“新建”→“项目”，都会打开“新建项目”对话框，需要在其中为项目的各种相关属性进行设置。

①默认状态下，“新建项目”对话框显示其“常规”选项卡选项。字幕安全区域：用来设置字幕的安全区域。活动安全区域：用来设置移动物体的安全区域。在其下方的“位置”和“名称”中设置磁盘存储位置和项目名称，如图1-2所示，单击“确定”按钮。

②打开“新建序列”对话框，显示“序列预设”选项卡选项，在“有效预设”栏内可以选择一种合适的预设项目设置（DV PAL→标准48 kHz），右侧的“描述”栏中会显示预设的相关信息，如图1-3所示。

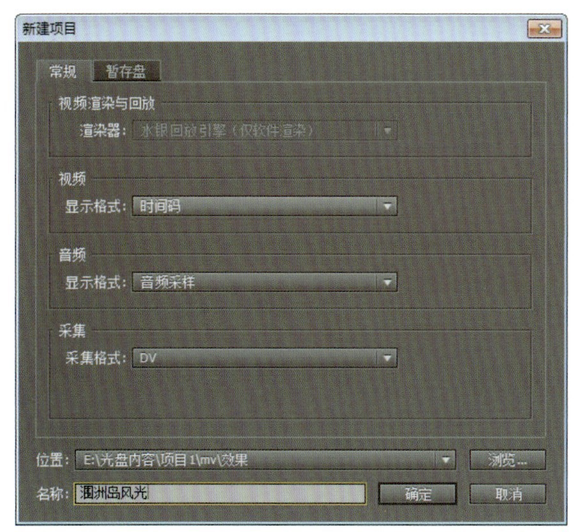

图1-2 “新建项目”对话框

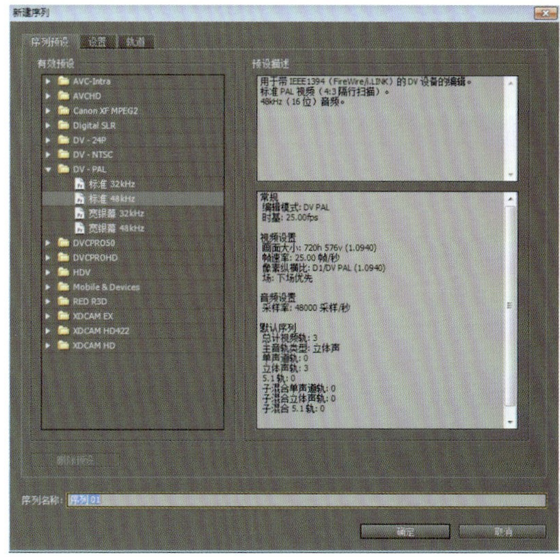

图1-3 “序列设置”选项卡

③如果对预设的项目设置不够满意，可以单击“常规”选项卡，切换到此选项卡下，并在其中进行自定义设置，如图1-4所示。

在“常规”选项卡可以设置视频的“编辑模式”（DV PAL）、“时间基准”（25.00帧/秒）等项目基础设置，可以在“视频”栏中设置“画幅大小”、“像素纵横比”（D1/DV PAL（1.094））、“场”（下场优先）、“显示格式”（25 fps时间码）和“预览文件格式”（Microsoft AVI DV PAL）等视频相关选项，还可以在“音频”栏中设置“取样值”（48 000 Hz）和“显示模式”（音频采样）等音频相关选项。在其中可以通过勾选“最大位数深度”，设置为最大码率渲染“最高渲染品质”。

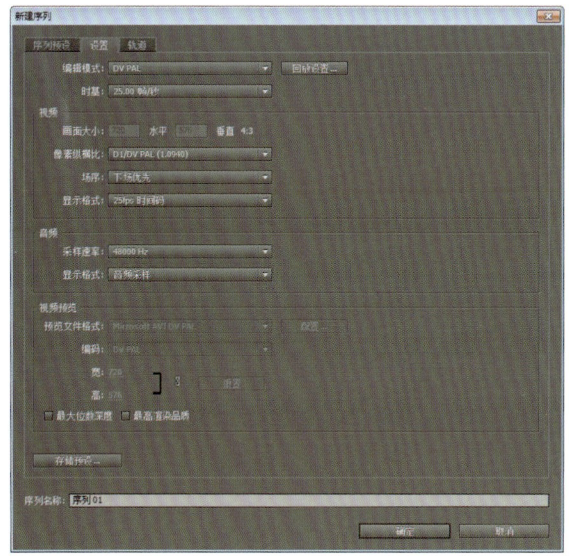

图1-4 “设置”选项卡

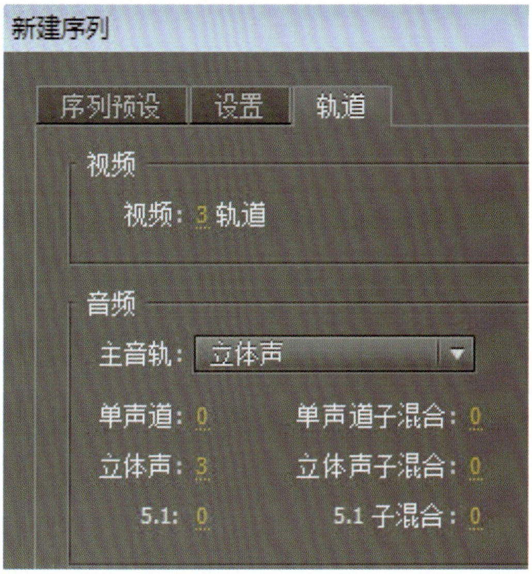

图1-5 “轨道”选项卡

④单击“自定义设置”选项卡左侧栏中的“默认序列”，切换到默认序列设置部分。在其中可以设置视频轨道和各种音频轨道的数目，如图1-5所示。

⑤全部设置完毕，单击对话框下方的“确定”按钮，则按照此设置创建一个项目。项目创建之后，可以执行菜单命令“项目”→“项目设置”→“常规”，打开“项目设置”对话框，在相应的部分对项目进行重新设置。项目一旦创建，有些设置将无法更改。

1.1.2 素材导入与录音

项目建立后，需要将拍摄的影片素材从摄像机或照相机导入到计算机中进行编辑。

1）导入素材到电脑

将SD卡插入笔记本电脑的SD插口，或将SD卡插入SD卡转换器，再插入到台式电脑的USB接口中，从SD卡中选择要导入的文件，将其导入到电脑中。

2）录音

在Premiere Pro CS5.5中，可以通过传声器将声音录入计算机，转化为可以编辑的数字音频，完成为影片配音。本节将通过案例，讲解录音的基本方法。

①将传声器与计算机的音频输入接口连接，打开传声器。

②执行菜单命令“编辑”→“首选项”→“音频硬件”，打开“首选项” 对话框，如图1-6所示。单击ASIO按钮，打开“音频硬件设置”对话框，单击“输入”选项卡，勾选“麦克风”，如图1-7所示，单击“确定”→“确定”按钮。

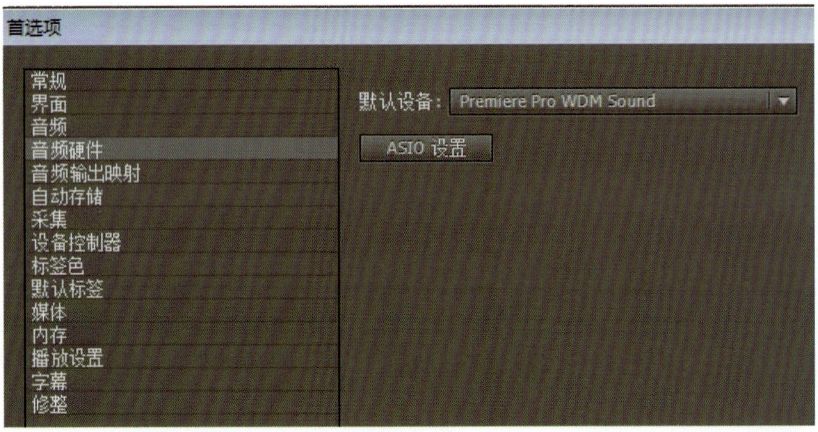

图1-6 “首选项”对话框

③在素材源监视器窗口选择“调音台”选项卡，打开音频混合器窗口，其中有“静音轨道”按钮、“独奏轨道”按钮和“激活录制轨道”按钮。单击要进行录音轨道的“激活录制轨道”按钮，如图1-8所示。

④单击“录音”按钮，再单击“播放”按钮，开始录音。

注：要在录制过程中预览时间线，把时间指针移到配音的起始位置前几秒钟再开始录音。

⑤录音完毕，单击“停止”按钮。录制的音频文件以WAV格式被保存到硬盘，出现在项目窗口和时间线窗口相应的音频轨道上，完成为影片配音。

如果是复杂的配音及音频合成工作，则建议在Adobe Audition中进行。

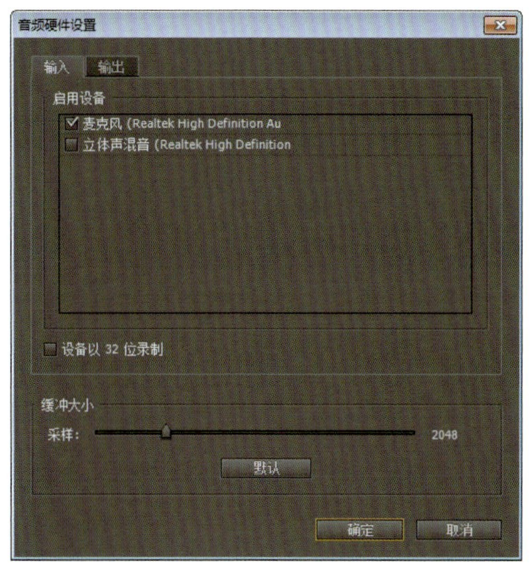

图1-7 “音频硬件设置”对话框

图1-8 “调音台”选项

1.1.3 导入素材

Premiere Pro CS5.5不但可以通过采集或录制的方式获取素材，还可以将硬盘上的素材文件导入其中进行编辑。双击项目窗口的空白位置，或执行菜单命令“文件”→“导入”，或右键单击项目窗口的空白处从弹出的快捷菜单中选择“文件”→“导入”菜单项，都可以在打开如图1-9所示的“导入”对话框中选择素材文件或整个文件夹，将其导入项目窗口中。利用Adobe Bridge可以在导入素材之前，对其进行预览与规划。

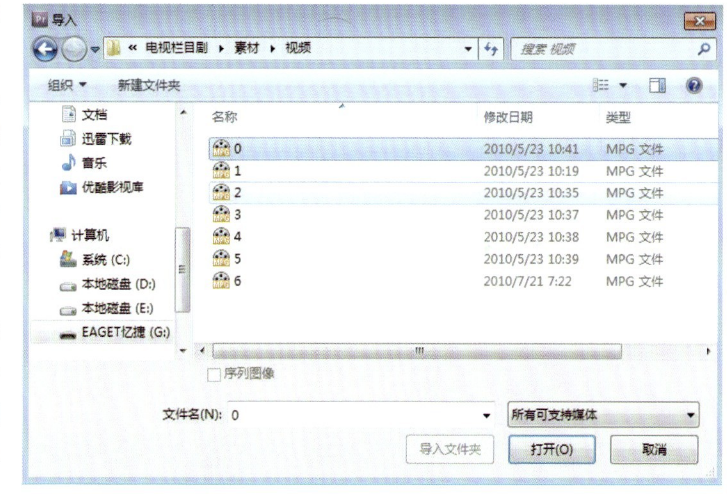

图1-9 “导入”对话框

1）导入视频

Premiere Pro CS5.5支持导入多种格式的音频、视频和静态图片文件，可以将同一文件夹下静态图片文件按照文件名的数字顺序以图片序列的方式导入，每张图片成为图片序列中的一帧。

①视频格式：MPEG、AVI、DV、HDV、MOV、Sony XDCAM、XDCAM EX、Panasonic P2和AVCHD等。

②音频格式：AIFF、MP3、WAV、WMA。

③静止图片格式：AI、BMP/DIB/RLE、EPS、FLC/FLI、GIF、ICO、JPEG/JPE/JPG/JFIF、PCX、PICT/PIC/PCT、PNG、PRTL（Adobe Title Designer）、PSD、TGA/ICB/VST/VDA、TIFF。

④图片序列格式：AI、BMP/DIB/RLE、FLM、动画GIF、PICT/PIC/PCT、TGA/ICB/VST/VDA、TIFF、PSD。

⑤Premiere Pro CS5.5最大支持4 096像素×4 096像素的图像和帧尺寸。需要安装QuickTime才可以完成对一些格式文件的支持，但不支持Real Media（*.rm，*.rmvb）格式的文件。

2）导入音频

数字音频以二进制编码的形式存储于计算机的硬盘、CD或数字录音带（DAT）中，可以将音频文件或视频文件中的音频部分作为素材片段导入。为了保持音频编辑的品质，Premiere Pro CS5.5将导入其中的各种音频文件或视频文件中的音频转换为项目设置的32 bit数据。

Premiere Pro CS5.5不支持使用CD音频文件（CDA），但在将其导入前，需要先转化成为软件所支持的文件格式，建议使用Adobe Audition将CDA文件转化为WAV音频文件。

MP3和WMA格式有损压缩的音频文件格式，在播放有损压缩的音频之前，Premiere Pro CS5.5需要先对其进行解压缩，重新采样，以使其与输出设置的音频质量相匹配。这种转化可以提高音频质量，建议使用未经压缩的音频格式文件或CD音频文件。

3）导入静止图片

可以将小于4 096像素×4 096像素的静止图像单个或成组地导入。

导入图片的默认持续时间是由软件预置的，可以通过更改预置参数来改变图片的持续时间。执行菜单命令“编辑”→“首选项”→“常规”，在打开的“首选项”对话框的“常规”栏中，可以在“静帧图像默认持续时间”后面设置默认状态下的静止图片的持续帧数，如图1-10所示。

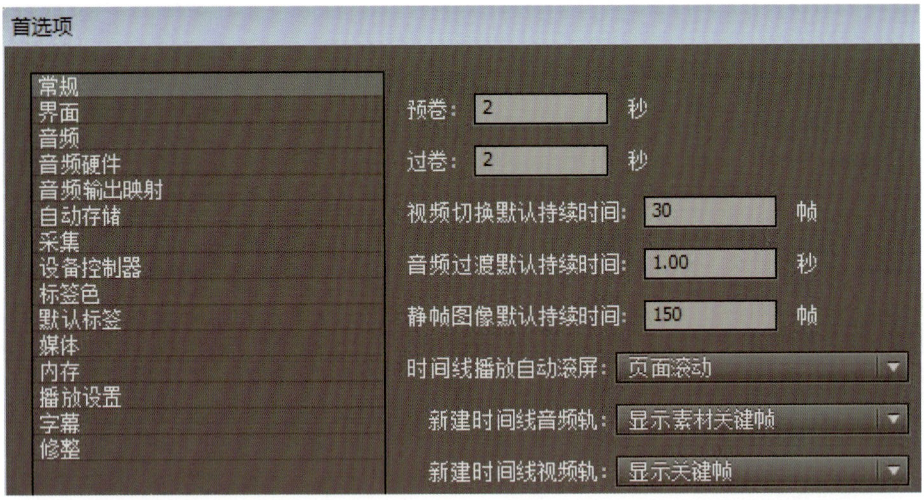

图1-10 “常规”栏

注：在导入图片之前，需要先将图片的色彩空间调整为与视频编辑相似的色彩空间，例如RGB或PAL RGB。为了获取最好的编辑效果，导入的静止图片在软件中最好不要放大超过图片的原尺寸，如果缩放尺寸超过了图片的原尺寸，则会降低影像质量，建议导入的图片至少应该大于项目的尺寸。

4）导入分层的Photoshop和Illustrator文件

Premiere Pro CS5.5支持导入Photoshop 4.0或更高版本的文件，支持16位或8位的Photoshop文件。导入后的Photoshop文件中的透明部分将被转化为Alpha通道，继续保持透明。

Premiere Pro CS5.5还支持将Illustrator文件直接导入到项目中，自动对其进行栅格化，将基于路径的矢量图形转化为基于像素的图像，自动平滑边缘。所有的空白区域将被转化为Alpha通道，保持透明。

①双击项目窗口的空白位置或执行菜单命令“文件”→“导入”，在“导入”对话框中选择一个分层的.PSD或Illustrator文件后，单击“打开”按钮。

②打开“导入分层文件”对话框。在“导入为”下拉列表中可以选择以“合并所有图层”“合并图层”“单层”或“序列”的方式导入，如图1-11所示。

③当选择素材方式后，在下方的层选项栏中，可以选择“合并图层”或“单层”，在下面的下拉列表中选择导入文件的某一层，如图1-12所示。

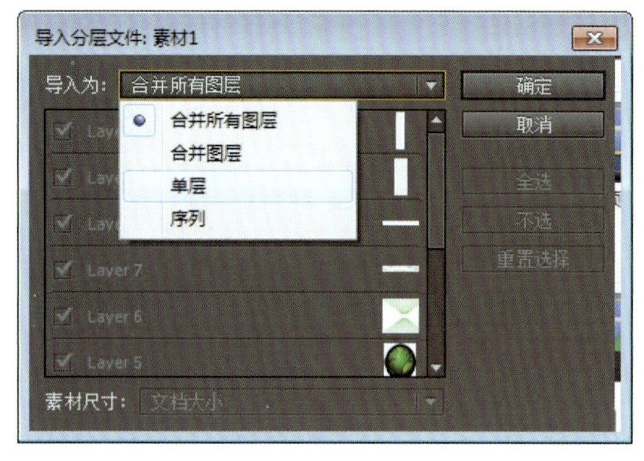

图1-11 “导入为”下拉列表

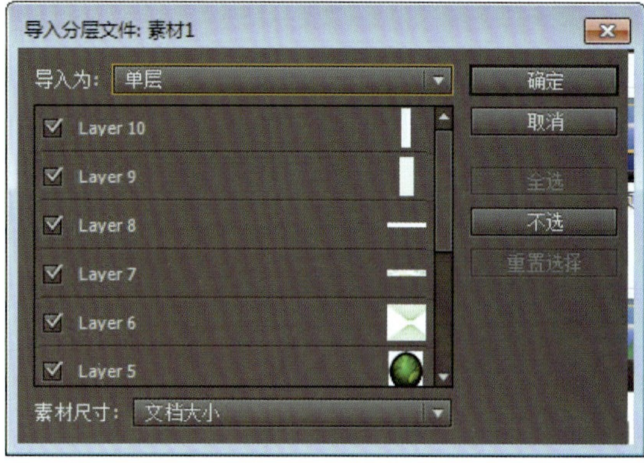

图1-12 选择层

④以序列方式导入素材后，分层的文件被自动转化为序列，层被转化为轨道上的静止图片素材，保持源文件的层的排列方式。

注：Premiere Pro CS5.5支持分层文件的层的位置、不透明度、可视性、透明（Alpha通道）、蒙版、调节层、层效果、剪辑路径、矢量蒙版和图层组等属性，进行相应的转换，以保持其外观和可编辑性。

5）导入图片序列

Premiere Pro CS5.5可以导入GIF格式的动画图片文件，还可以将同一文件夹中的一组静态图片文件按照文件名的数字或字母顺序以图片序列的方式导入，将图片合并成一个视频素材片段。

①双击项目窗口的空白位置或执行菜单命令“文件”→“导入”，打开“导入”对话框。

②打开图片序列文件夹，选择其中一张作为第1帧的文件，勾选对话框下方的“序列图像”，单击“打开”按钮，如图1-13所示，便将文件夹中的图片文件以图片序列的方式导入。其中的每张图片成为图片序列中的一帧，作为图片序列导入的文件中不可以包括分层文件。

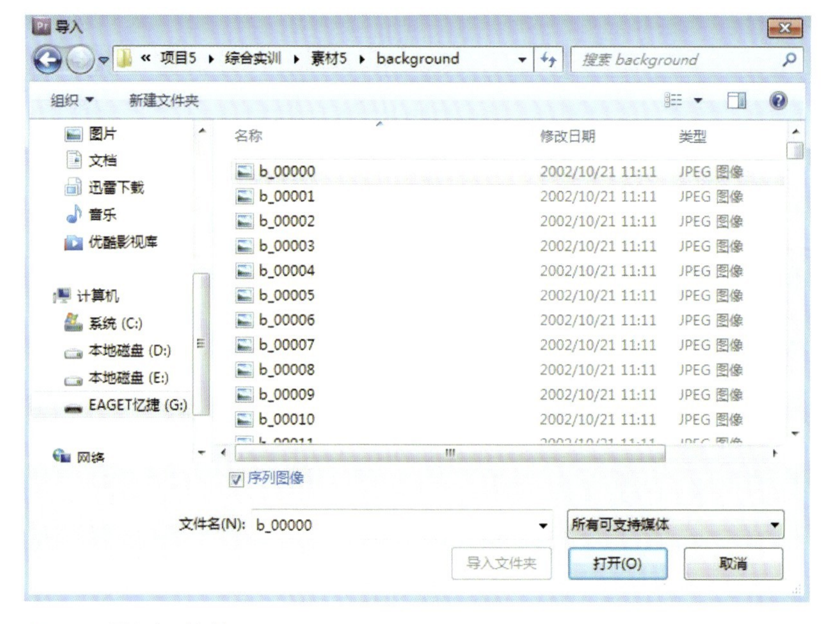

图1-13 导入序列文件

6）导入项目文件

Premiere Pro CS5.5可以导入另一个Premiere Pro CS5.5的项目文件或早期版本Premiere 6.0的项目文件，使用其中的序列与素材。导入项目文件也叫作项目嵌套，是保留并转移序列与素材所有信息的唯一方法，此方法可以将多个Premiere Pro CS5.5项目文件进行合并。在制作复杂节目的过程中，可以先编辑子项目，最后汇总为总项目，以减少编辑时的系统资源占用。

双击项目窗口的空白位置或执行菜单命令“文件”→“导入”，在“导入”对话框中选择一个Premiere Pro项目文件，如图1-14所示。单击“打开”按钮，将此项目文件作为一个文件夹导入，其中的序列及素材文件全部在此文件夹中，如图1-15所示。

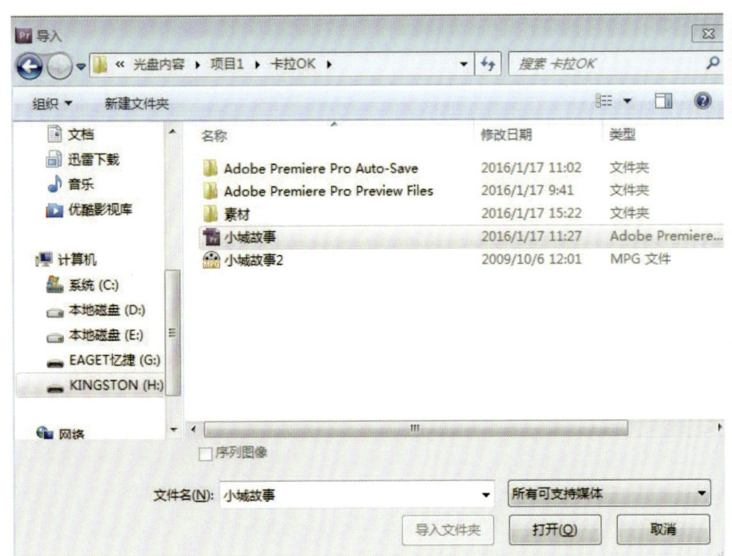

图1-14　导入项目文件

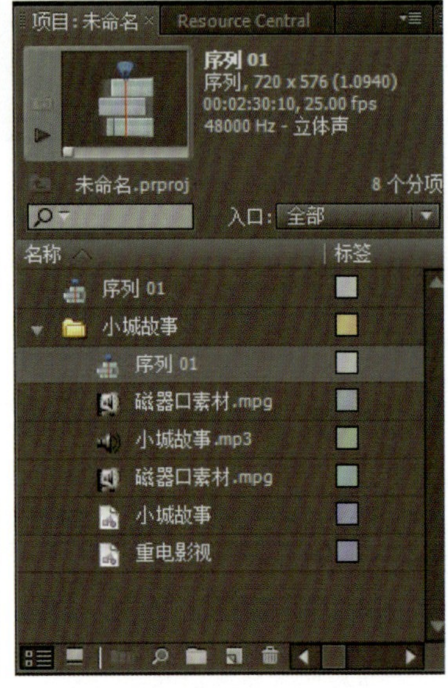

图1-15　项目窗口

1.1.4　管理素材

采集与导入素材后，素材名称便出现在项目窗口中。项目窗口会详细列出每一个素材的信息，可以对素材进行查看和分类，也可以根据实际需要对项目窗口中的素材进行管理，以方便下一步的编辑操作。

1）自定义项目窗口

在项目窗口中，提供了两种素材的显示方式，一种为列表视图，另一种为图标视图。列表视图显示每个素材的具体信息，而图标视图仅显示素材中的一帧及其音频波形。可以根据需求，自定义其显示风格。

①单击项目窗口下方的“列表视图”按钮，素材以列表的方式显示，如图1-16所示。而单击“图标视图”按钮，素材以图标的方式显示，如图1-17所示。

②使用项目窗口的弹出式菜单命令“查看”→“列表/视图”，或使用组合键〈Ctrl+Page Up/Ctrl+Page Down〉，也可以在“列表视图”和“图标视图”之间进行切换。

③项目窗口上方的预览区域有一个缩略图浏览器，可以预览选中素材的大概内容，在其右侧显示出素材的基本信息。使用项目窗口的弹出式菜单命令“查看”→“预览区域”，可以选择是否显示预览区域，如图1-18所示。在列表视图中，可以自由选择显示所需的素材的那些属性列。

④在图标视图中，可以隐藏或设置图标缩略图的尺寸。使用项目窗口的弹出式菜单命令“缩略图”→“关/大/中/小”，可以隐藏图标缩略图，或将图标缩略图设置成为大、中、小3种不同的尺寸。

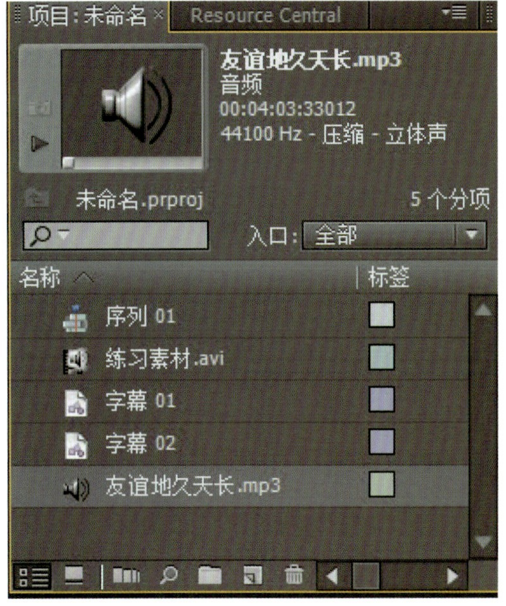

图1-16　列表视图

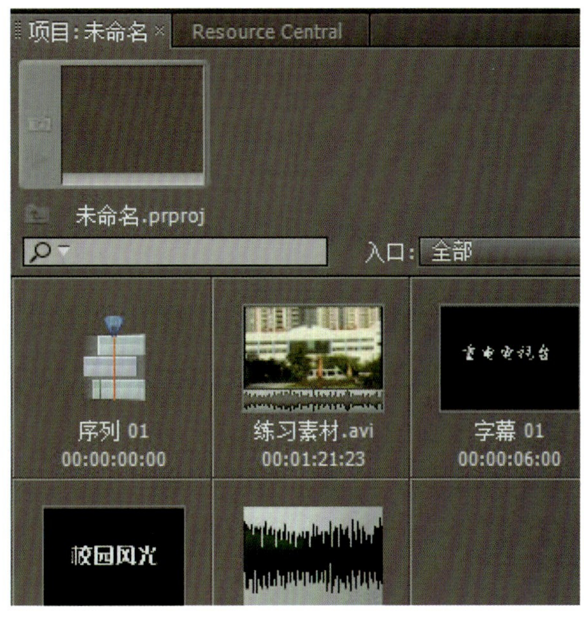

图1-17　图标视图

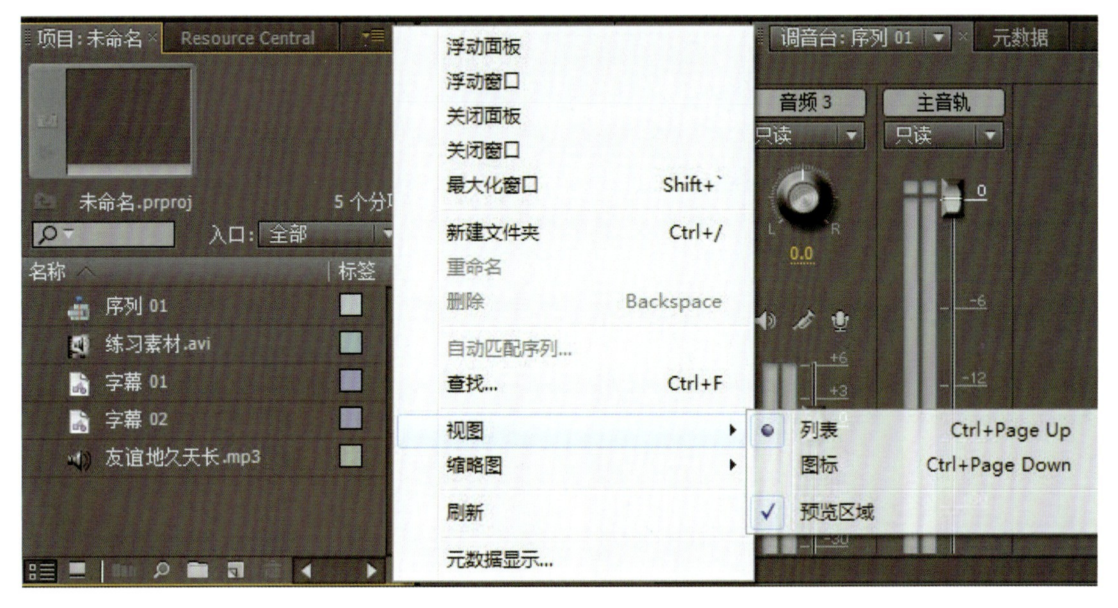

图1-18　项目窗口弹出式菜单

2）管理素材

①执行菜单命令“编辑”→“剪切/复制/粘贴/清除”，可以对素材进行剪切、复制、粘贴及清除的操作，其对应的快捷键分别为〈Ctrl+X〉、〈Ctrl+C〉、〈Ctrl+V〉和〈←〉。

②执行菜单命令“编辑”→“复制”，可以将选中的素材进行复制，相当于连续使用复制和粘贴的命令。

③执行菜单命令“素材”→“重命名”，或单击素材的名称，可以将其激活，并对素材名称进行更改，如图1-19所示。

在项目窗口中对素材进行重命名不会改变磁盘中素材文件的名称。

④当素材比较多的时候，可以执行菜单命令“文件”→“新建”→“文件夹”，或单击项目窗口底部的“新建文件夹”按钮，新建一个文件夹，将素材放到文件夹中，从而对素材进行分门别类的管理。

⑤执行菜单命令“编辑”→“查找”，或单击项目窗口底部的“查找”按钮，可以在调出的“查找”对话框中，对素材进行查找。

除了使用文件夹的方式对文件进行分类外，还可以使用标签与属性列对素材进行分类管理。

标签是用来识别和分类素材的色标，出现在项目窗口的标签列中。默认状态下，每一种类型的素材对应一种颜色。

⑥执行菜单命令“编辑”→“首选项”→“标签色”，打开“首选项”对话框，在其“标签色”部分中，可以对标签的名称和颜色进行更改，如图1-20所示。

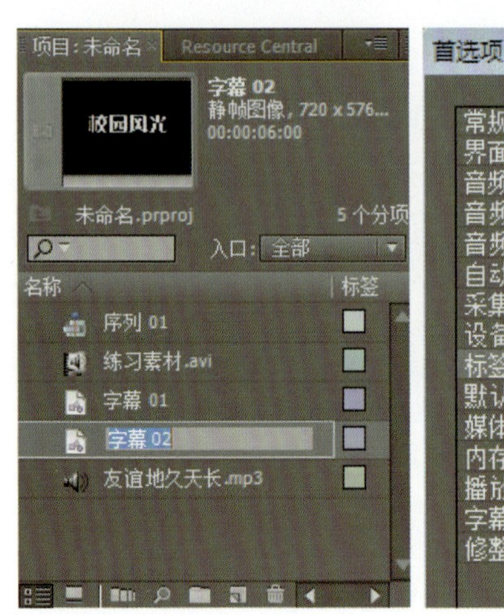

图1-19　重命名

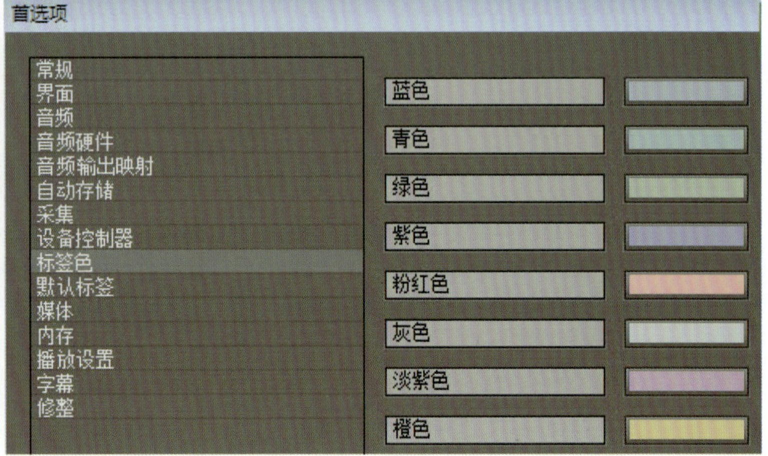

图1-20　“首选项”对话框

⑦执行菜单命令“编辑”→“标签”，选择一种颜色，可以将选中素材标记为此颜色。

⑧执行菜单命令“编辑”→“标签”→“选择标签组”，可以将与当前选中的一个素材标记色相同的所有素材全部选中。

⑨单击项目窗口中各个属性列的“名称”，可以按此属性进行排列，如图1-21所示。再次单击此“名称”，则倒序排列，如图1-22所示。

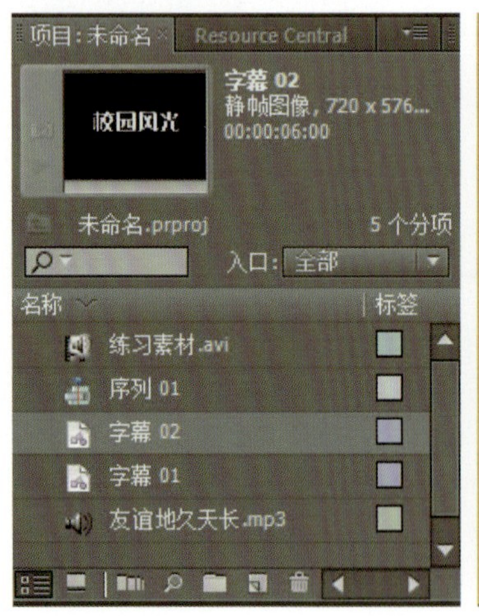

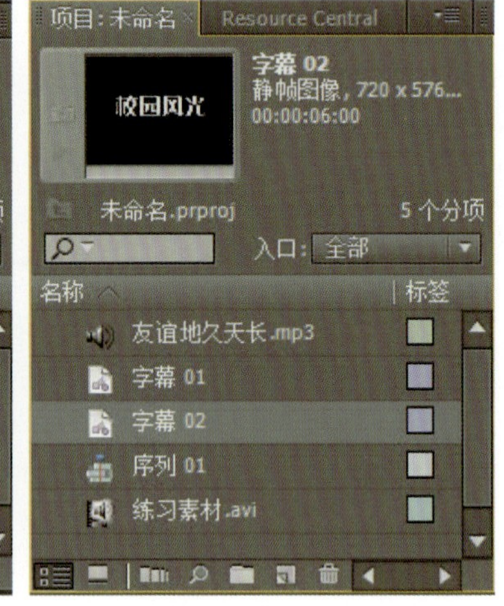

图1-21　排列　　图1-22　倒序排列

3）分析影片

Premiere Pro CS5.5内置了分析功能，可以对硬盘上所有支持格式的素材文件进行分析，从而得出素材的各项属性。

执行菜单命令“文件”→“获取属性”→“选择”，可以分别对硬盘上和项目中所选中的素材文件进行分析，分析的结果显示在“属性”窗口中，如图1–23所示。

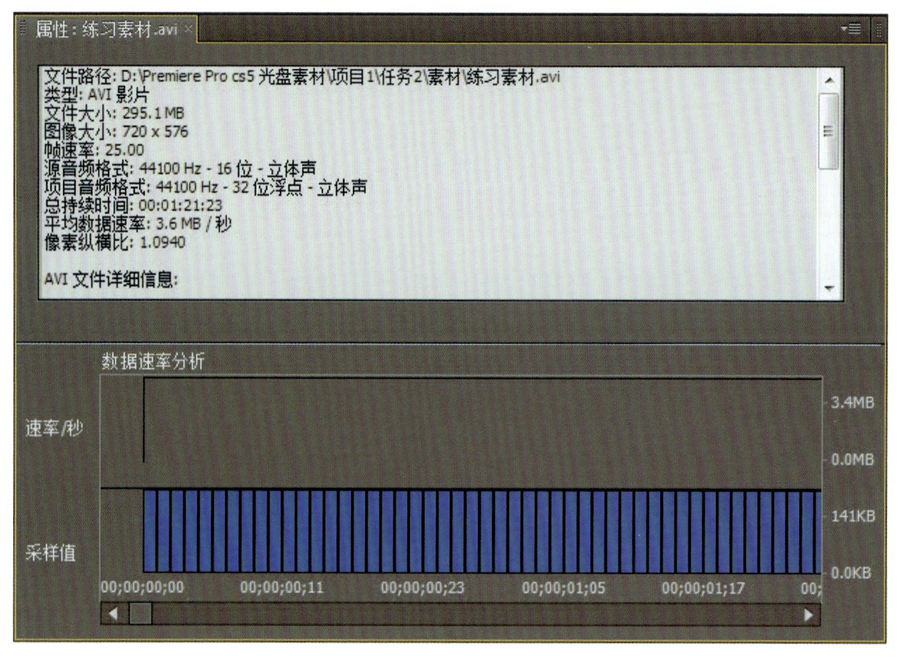

图1–23　影片属性

在项目窗口中，用鼠标右键单击素材，从弹出的快捷菜单中选择“属性”，对素材进行分析。

4）设定故事板

对于比较复杂的影片，在开始编辑之前，往往需要根据剧情对素材进行简单的规划，设定故事板，大概勾勒出影片的结构，对后面的编辑工作起到导向性作用。项目窗口的图标视图可以大体实现故事板的功能。

①单击项目窗口底部的“图标视图”按钮，切换到图标视图，以缩略帧的形式显示素材。

②在项目窗口上方的缩略图浏览器中可以对影片进行预览，单击左侧的“播放”按钮或拖动底部的滑块，都可以预览整段素材。

③当播放或滑动到最能代表整段素材的帧画面时，单击左侧的“照相”按钮，可以将此帧画面作为素材的缩略图显示，如图1–24所示。

④根据剧情，可以用拖曳的方法对各个素材进行任意排列，从而设定影片的故事板。使用项目窗口的弹出式菜单命令“整理”，可以消除素材缩略图之间的空隙，使故事板更加紧凑。

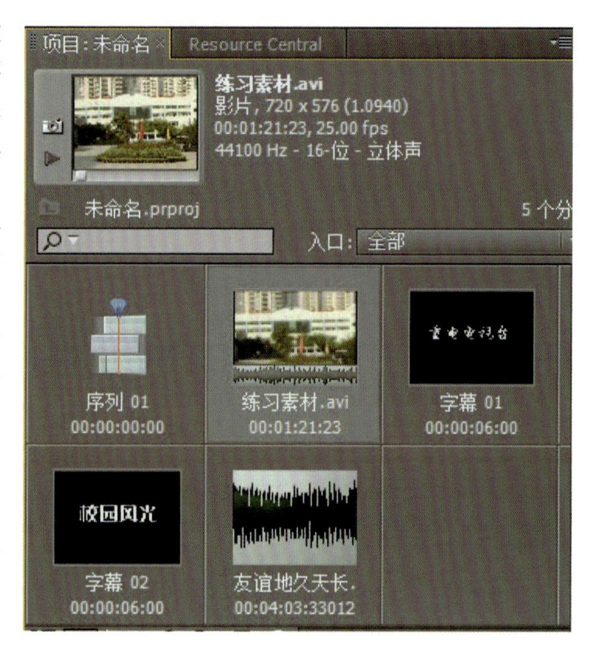

图1–24　故事板

任务1.2

影片的剪辑

【问题的情景及实现】

片段的剪辑，就是指如何将一个个片段组接起来成为影片。时间线窗口是实现片段组接最主要的操作窗口，它提供了丰富的工具，使片段组接、处理非常方便，既符合传统的编辑工作习惯，又使非线性的特点发挥得淋漓尽致。同时，监视器窗口也是剪辑要用到的主要窗口，它可以剪辑原始片段，对编辑之后的效果进行迅速预演。

1.2.1 使用监视器窗口

使用监视器窗口可以对素材片段或影片时间线进行直观的预览或某些编辑操作。

在默认状态下，监视器窗口包含两个主要组成部分：左侧为源监视器窗口，用于显示素材片段。双击项目窗口或时间线窗口中的素材片段，或使用鼠标将其拖放到源监视器窗口，可以在源监视器窗口中显示该素材。右侧为节目监视器窗口，用于显示当前时间线上的片段。每个监视器底部的控制面板用于控制播放预览和进行一些编辑操作，如图1-25所示。

图1-25 “监视器”窗口

1）控制播放时间装置

源监视器和节目监视器中都包含用于控制播放时间的装置，其中包括时间标尺、当前时间指针、当前时间显示、持续时间显示和显示区域条等装置，如图1-26所示。

①时间标尺：在素材源监视器和节目监视器的时间标尺中，分别以刻度尺的形式显示素材片段或时间线的持续时间长度。

②当前时间指针：在监视器的时间标尺中，显示为一个蓝色三角指针，精确指示当前帧的位置。

③当前时间显示：在每个监视器中视频的左下方显示当前帧的时间码。

图1-26 “时间控制”窗口

> 注：在监视器或时间线窗口中，按住〈Ctrl〉键的同时单击当前时间显示，可以在完整的时间码和帧数统计显示之间进行切换。

④持续时间显示：在每个监视器中视频的右下方显示当前打开素材片段或时间线的持续时间。

⑤显示区域条：表示每个监视器窗口中时间标尺上的可视区域。它是两个端点都带有柄的细条，处于时间标尺的上方。

安全区域指示线仅仅用于在编辑时进行参考，而无法进行预览或输出。在源监视器或节目监视器窗口下方的控制面板中单击“安全区域”按钮，可以显示动作安全区域和字幕安全区域，如图1-27所示。再次单击则移除安全区域指示线。

图1-27 安全区域指示线

2）播放控制

源监视器和节目监视器窗口的控制面板中包含各种与录像机上的控制功能相似的控制按钮。使用源监视器控制可以播放并编辑素材片段，使用节目监视器控制可以播放并预览当前时间线。播放控制大都对应快捷键，使用快捷键前，应该单击激活要进行控制的监视器。使用如下方式进行播放控制：

①单击“播放”按钮或快捷键〈L〉及空格键都可以进行播放。播放时，原来的“播放”按钮会变为“停止”按钮，单击“停止”按钮或快捷键〈K〉及空格键，可以停止当前播放。

②按快捷键〈J〉，可以进行反向播放。

③单击“播放入点到出点”按钮，可以从入点播放到出点。

④按下“循环”按钮，单击“播放”按钮，可以循环播放整段素材或节目。再次单击“循环”按钮，可以取消循环。

⑤按下“循环”按钮，单击“播放入点到出点”按钮，可以循环播放入点到出点之间的内容。再次单击“循环”按钮，可以取消循环。

⑥重复按快捷键〈L〉，可以进行快速播放；重复按快捷键〈J〉，可以进行快速反向播放。播放速率可以从1倍逐级增长到4倍。

⑦反复按下快捷键〈Shift+L〉，可以进行慢速播放；反复按快捷键〈Shift+J〉，可以进行慢速反向播放。

⑧按住〈Alt〉键，“播放入点到出点”按钮会变为“循环播放”按钮。此时单击“循环播放”按钮，可以在当前时间指针位置附近进行播放。

⑨单击以激活要进行编辑的当前时间显示，输入新的时间码，当前时间指针会发生相应的移动。

注：无须输入冒号或分号，100以下的数字将会被自动转换为帧数。200为2 s，以此类推。

⑩单击“进步”按钮，或按住〈K〉键的同时按〈L〉键，可以将当前时间指针向前移动1帧。按住〈Shift〉键的同时单击“进步”按钮，可以将当前时间指针向前移动5帧。

⑪单击“退步”按钮，或按住〈K〉键的同时按〈J〉键，可以将当前时间指针向后移动1帧。按住〈Shift〉键的同时单击“退步”按钮，可以将当前时间指针向后移动5帧。

⑫当时间线或节目监视器窗口处于激活状态下，在节目监视器窗口中单击“跳转到前一标记”按钮，或按〈Page Down〉键，可以将当前时间指针移动到目标音频或视频轨道中上一个编辑点的位置。

⑬当时间线或节目监视器窗口处于激活状态下，在节目监视器窗口中单击“跳转到下一标记”按钮，或按〈Page Up〉键，可以将当前时间指针移动到目标音频或视频轨道中下一个编辑点的位置。

⑭按〈Home〉键，可以将当前时间指针移动到时间线的起始位置。

⑮按〈End〉键，可以将当前时间指针移动到时间线的结束位置。

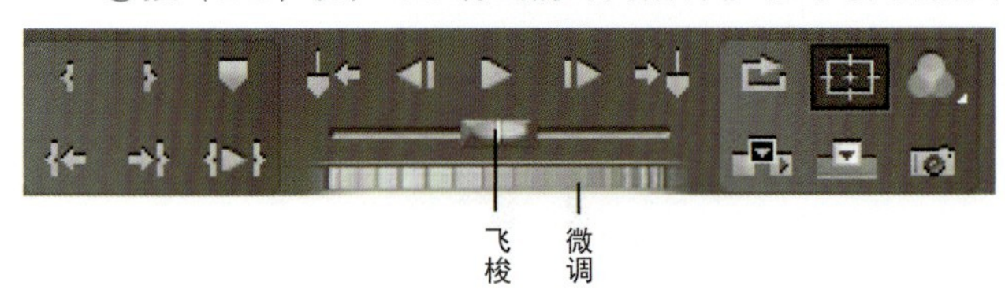

图1-28　飞梭与微调

除了使用各种播放按钮和快捷键进行控制播放，还可以使用“微调”或“飞梭”功能，随需进行比较自由的播放，如图1-28所示。

⑯向左拖曳飞梭滑块可以进行反向播放，向右拖曳则进行正向播放。播放速度随拖曳幅度增加。释放滑块回归原位，可以停止播放。

⑰向左或向右拖曳慢寻转盘，可以以拖曳的速度，反向或正向逐帧播放视频。

1.2.2　使用时间线窗口

时间线窗口是进行编辑操作的最主要的场所，在其中图形化显示时间线和其中的素材片段转场及效果，在其中还可以对时间线进行整合编辑。

在时间线窗口中，每个时间线都可以包含多个平行的视频轨道和音频轨道。项目中的每个时间线都可以以一个选项卡的形式，出现在同一个或分开的时间线窗口中。时间线中至少包含一个视频轨道，多视频轨道可以用来合成素材。带有音频轨道的时间线必须包含一条主控音频轨道以进行整合输出。多轨音频可以用于音频混合，如图1-29所示。

时间线窗口包含多种控制装置，它们可以在时间线帧间进行移动。

①时间标尺：使用与项目设置保持一致的时间度量方式，横向测量时间线时间。

②当前时间指针：在时间线中设置当前帧的位置，当前帧会在节目监视器中进行显示。当前时间指针在时间标尺上显示为一个蓝色三角指针，其延展出来的一条红色时间指示线，纵向贯穿整个时间线窗口。可以通过拖曳当前时间指针的方式，更改当前时间。

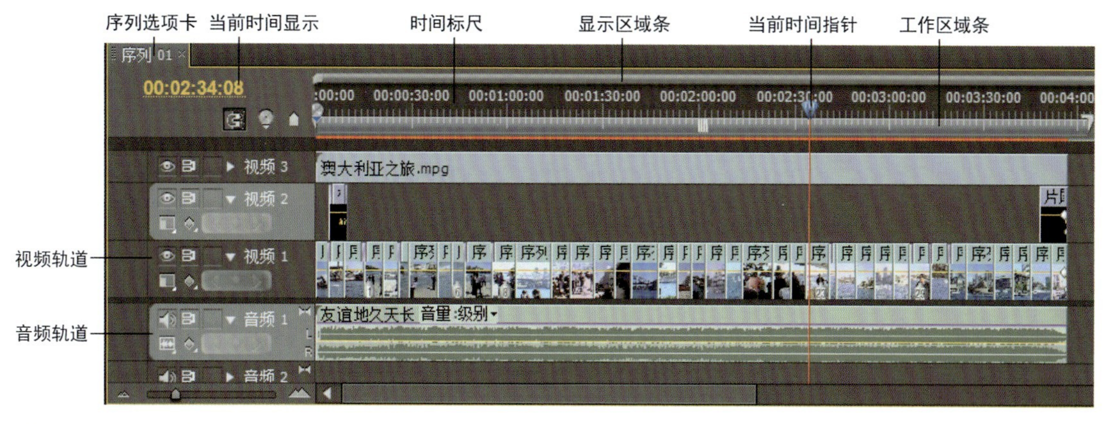

图1-29　时间线窗口

③当前时间显示：在时间线窗口中显示当前帧的时间码，将其单击激活后可以输入新的时间，或将鼠标放在上方进行拖曳，也可以更改时间。

④显示区域条：表示时间线窗口中时间线的可视区域，可以通过拖曳的方式来改变显示区域条的长度和位置，以显示时间线的不同部分。显示区域条位于时间标尺的上方。

⑤工作区域条：设置要进行预览或输出的时间线部分。工作区域条位于时间标尺的下半部分。

⑥缩放控制：改变时间标尺的显示比例，以增加或减少显示细节。缩放控制位于时间线窗口的左下部分。

1.2.3　轨道控制

每个时间线中都包含一个或多个平行的视频和音频轨道，在对轨道中的素材片段进行编辑的同时，还会应用到各种轨道控制方法。

1）轨道的管理

素材片段被添加到时间线窗口中的轨道上，可以添加或删除轨道，对轨道进行重命名。

①执行菜单命令“时间线”→“添加轨道”，或用鼠标右键单击轨道区域，从弹出的快捷菜单中选择“添加轨道”菜单项，打开“添加视音轨”对话框，在其中输入添加轨道的数量。选择添加位置和音频轨道的类型，如图1-30所示。设置完毕，单击“确定”按钮，将按设置添加轨道。

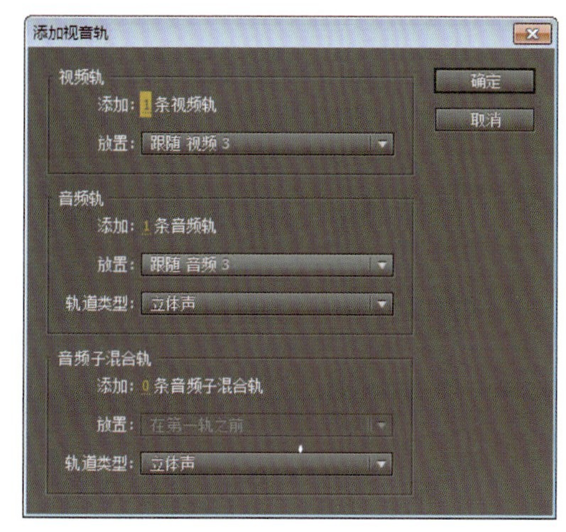

图1-30　“添加视频轨”对话框

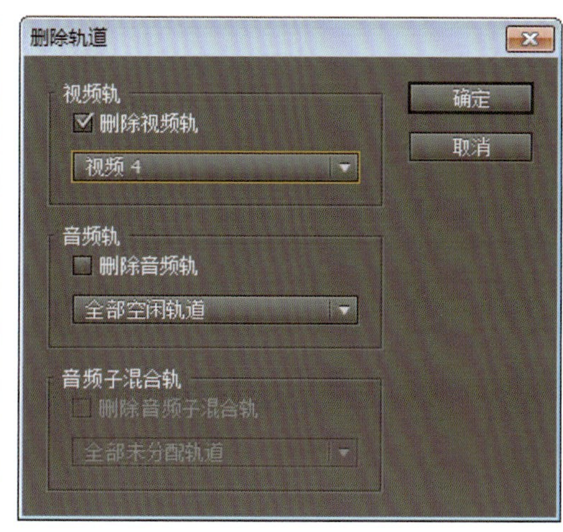

图1-31　“删除轨道”对话框

②单击轨道控制区域，选中需要删除的轨道，每次可以指定一条视频轨道和一条音频轨道。执行菜单命令“序列”→“删除轨道”，打开“删除轨道”对话框，在其中选择“删除视频轨”，删除全部空闲轨道，如图1-31所示。设置完毕，单击“确定”按钮，将按设置删除轨道。轨道删除后，其上的素材片段也被从时间线中删除。

③用鼠标右键单击轨道控制区域，从弹出的菜单中选择“重命名”菜单项，输入新的名称，按〈Enter〉键将轨道的名称更改为此名称，如图1-32所示。

2）设置轨道的显示风格

根据需要，可以自定义轨道的不同显示风格，以不同的方式显示每条轨道及其中的每个素材片段。

①单击视频轨道名称左边的三角形按钮，展开轨道。在轨道控制区域中单击“显示风格”按钮，在弹出的菜单中可以选择不同的显示方式：在素材片段的始末位置显示入点帧和出点帧的缩略图；仅在素材片段的开始位置显示入点帧缩略图；在素材片段的整个范围内连续显示帧缩略图；仅显示素材名称，如图1-33所示。

图1-32　“重命名”菜单项

图1-33　视频风格显示

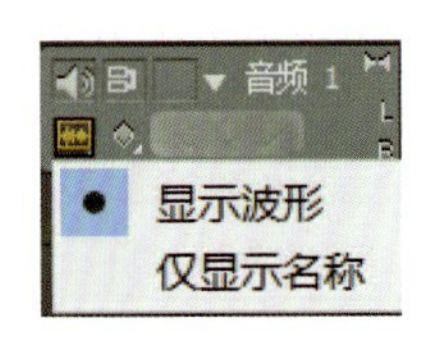

图1-34　音频风格显示

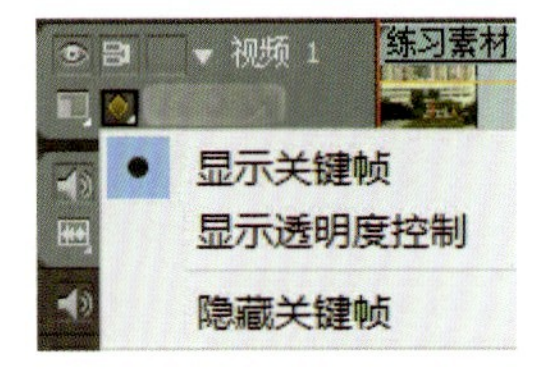

图1-35　关键帧显示

②单击音频轨道名称左边的三角形按钮，展开轨道。在轨道控制区域中单击“显示风格”按钮，在弹出的菜单中可以选择显示波形或仅显示素材名称，如图1-34所示。

③单击轨道控制区域中的“显示关键帧”按钮，可以在弹出的菜单中选择是否显示关键帧。在时间线窗口可以设置并调节关键帧，如图1-35所示。

根据不同的需要，可以自定义轨道的显示风格，以不同的显示方式显示轨道及其中素材片段的信息。显示的信息越多，占用系统资源越多，使用时应注意选择。

3）隐藏与锁定轨道

通过隐藏轨道的方法，可以将某条或某几条轨道排除在项目之外，使其上的素材片段暂时不能被预览或参与输出。比较复杂的时间线往往有多条轨道，当仅需要对其中某条或某几条轨道进行编辑时，可以将其他轨道暂时隐藏起来。

单击轨道控制区域的眼睛图标或扬声器图标，使其消失，可以分别将视频轨道或音频轨道暂时隐藏起来。再次单击原图标所在方框，图标出现，轨道恢复有效性。

在编辑过程中，为了防止意外操作，经常需要将一些已经编辑好的轨道进行锁定。为了保持素材片段的视频与音频同步，需要将视频轨道和与之对应的音频轨道分别进行锁定。

单击轨道区域中轨道名称左边的方框，出现锁的图标，将轨道锁定，轨道上显示斜线，如图1-36所示。再次单击锁的图标，图标与轨道上显示的斜线消失，轨道被解除锁定。

图1-36　轨道锁定

在隐藏轨道或锁定轨道的操作中，如果按住〈Shift〉键，可以同时将所有同类型的轨道隐藏或锁定。锁定的轨道无法作为目标轨道，其上的素材片段也无法被编辑操作，但可以预览或输出。

1.2.4 编辑片段

将素材片段按顺序分配到时间线上，这是进行编辑的最初环节。采集与导入素材之后，只有将素材片段添加到时间线中，才能对其进行编辑操作。此时既可以使用鼠标拖曳的方法，将素材直接拖放到时间线上；也可以使用监视器窗口底部的控制面板中的按钮或快捷键，将素材按需求添加到时间线上。前者比较直观，操作简单，后者则可以完成一些比较复杂的操作。此外，还可以使用项目窗口底部的“自动添加到时间线”按钮，将素材片段按设置自动添加到时间线中。

1）在素材源监视器中剪辑素材

①剪辑素材的第一步就是要确定使用素材的哪些部分。设置素材片段的入点和出点，以进行剪辑。将要包含在素材中的第一帧设置为入点，将最后一帧设置为出点。在添加到时间线之前，可以在素材源监视器窗口中设置素材的入点和出点。当将素材添加到时间线后，则可以通过拖曳边缘等方式进行剪辑。

②在项目窗口或时间线窗口中双击要剪辑的素材片段，将其在源监视器窗口中打开。将当前时间指针放置在要设置入点的位置，在控制面板中单击“设置入点”按钮，将此点设置为入点。将当前时间指针放置在要设置出点的位置，在控制面板中单击“设置出点”按钮，将此点设置为出点。

③在源监视器窗口的控制面板中单击“跳转到入点”按钮，将当前时间指针移动到入点位置。单击“跳转到出点”按钮，将当前时间指针移动到出点位置。

④在节目监视器窗口的控制面板中单击“跳转到前一个编辑点”按钮，将当前时间指针移动到上一个编辑点的位置，单击“跳转到下一个编辑点”按钮，将当前时间指针移动到下一个编辑点的位置。

⑤执行菜单命令“标记”→“清除素材标记”→“入点和出点/入点/出点”，可以将源监视器中当前打开的素材片段的入点和出点清除，或分别将入点和出点清除。

⑥按住〈Alt〉键的同时单击“设置入点”按钮或“设置出点”按钮，也可以对应删除入点或出点。

2）插入编辑和覆盖编辑

无论使用哪种方法向时间线中添加素材片段，都可以选择插入编辑或覆盖编辑的方式将素材添加到时间线中。覆盖编辑是将素材覆盖到时间线中指定轨道的某一位置，替换掉原有的部分素材片段，此方式类似于录像带的重复录制；而插入编辑就是将素材插入到时间线中指定轨道的某一位置，该素材从此位置被分开，后面的素材被移到素材出点之后，此方式类似于电影胶片的剪接。

插入编辑会影响到其他未锁定轨道上的素材片段，如果不想使某些轨道上的素材受到影响，应锁定这些轨道。

3）素材源和目标轨道

对于包含音频的视频素材，在使用源监视器窗口添加素材时，可以选择添加素材的视频或音频轨道。在源监视器窗口的右下角选择使用视频或音频按钮，以显示对应的图标。

①使用视频和音频：向时间线中添加视频轨道和音频轨道。

②“仅拖动视频”按钮：仅向时间线中添加视频轨道。

③“仅拖动音频”按钮：仅向时间线中添加音频轨道。

注：设置素材仅仅在将素材片段添加到时间线中时才起作用，而不会影响素材及其源文件。

时间线中包含多个视频和音频轨道。当向其中添加素材片段前，应该设定此素材占用哪个轨道。根据不同的编辑方式，可以使用不同的设置方法。

①当使用拖曳的方式向时间线中添加素材时，最后拖放到的轨道即目标轨道。如果在拖曳的同时按住〈Ctrl〉键，则采用插入的方式添加素材片段，三角形标记将指示其中内容受到影响的轨道。

②当使用源监视器窗口控制添加素材片段时，一定要预先设置目标轨道。一次性只可以设置一个目标视频轨道和目标音频轨道。在时间线窗口中，单击轨道控制区域，当其颜色变亮并且显示圆角边缘时，则表示被选中，如图1-37所示。

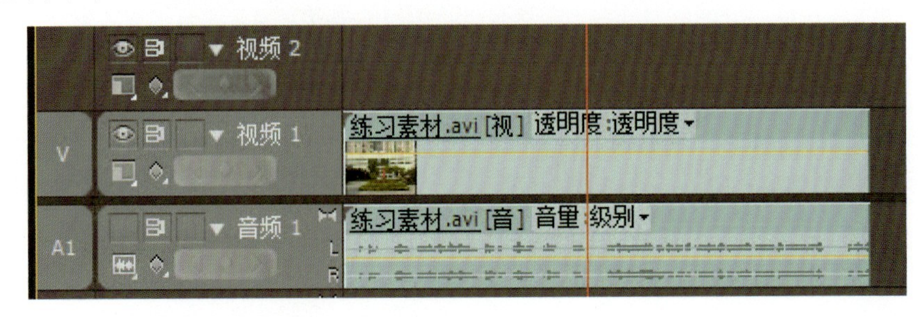

图1-37 “插入素材与选中轨道”对话框

无论使用直接拖曳的方式，还是使用素材源监视器窗口上的“覆盖”按钮添加素材片段，如果使用覆盖编辑，则只有目标轨道受到影响。而如果使用插入编辑，不仅素材片段被添加到目标轨道上，其他未锁定的轨道上的素材也会作出相应的调整。

4）手动拖曳添加素材片段

最为直接和直观的方法是将素材从项目窗口或素材源监视器窗口拖放到时间线窗口中相应的轨道上。默认状态下，直接拖放，以覆盖编辑的方式将素材添加到时间线中；按住〈Ctrl〉键拖放，则以插入编辑的方式将素材添加到时间线中；而按住〈Ctrl〉键和〈Alt〉键拖放，将在仅更改目标轨道的情况下，以插入编辑的方式将素材添加到时间线中。

节目监视器窗口可以帮助确认插入素材的具体位置。当进行覆盖编辑时，其中显示素材片段新位置的前后两个毗邻点的帧画面；当进行插入编辑时，其中显示插入点的前后两个毗邻点的帧画面。

还可以向节目监视器窗口中直接拖曳或按住〈Ctrl〉键的同时进行拖曳，以覆盖或插入的方式向时间线中添加素材片段。从项目窗口和素材源监视器窗口中，将素材拖放到顶端视频轨道的上方或底端音频轨道的下方空白处，都可以在添加素材片段的同时添加相应的轨道，以承载素材。

5）三点编辑

除了使用鼠标拖曳的方法添加素材片段，还可以使用监视器窗口底部的控制面板中的按钮进行三点编辑操作，将素材添加到时间线中。三点编辑是传统视频编辑中的基本技巧，“三点”指入点和出点的个数。

三点编辑就是通过设置2个入点和1个出点或1个入点和2个出点，对素材在时间线中定位，第4个点会被自动计算出来。三点编辑方式是设置素材的入点、出点以及素材的入点在时间线中的位置，即时间线的入点，而素材的出点在时间线中的位置，即时间线的出点会通过其他3个点被自动计算出来。任意3个点的组合都可以完成三点编辑操作。

在监视器窗口底部的控制面板中，使用“设置入点”按钮和“设置出点”按钮，或快捷键〈I〉和〈O〉，为素材和时间线设置所需的3个点。再使用“插入”按钮或“覆盖”按钮，或者快捷键〈,〉或〈.〉，将素材以插入编辑或覆盖编辑的方式添加到时间线中的指定轨道上，完成三点编辑。

6）向时间线中自动添加素材

通过使用自动添加到时间线功能，可以快速地整合进行粗剪或向时间线中自动添加素材片段。自动生成的时间线可以包含默认的转场。

为每个素材片段设置入点和出点。通过拖曳的方式，在项目窗口中对素材片段进行排序，或使用图标视图设置故事板。选择要进行自动添加的多个素材，在项目窗口的下方单击“自动添加到时间线”按钮，从弹出的“自动匹配到序列”对话框中设置素材片段的排列顺序、添加方式和转场等选项。设置完毕，单击“确定”按钮，如图1-38所示，所选素材被自动按顺序添加到时间线中。

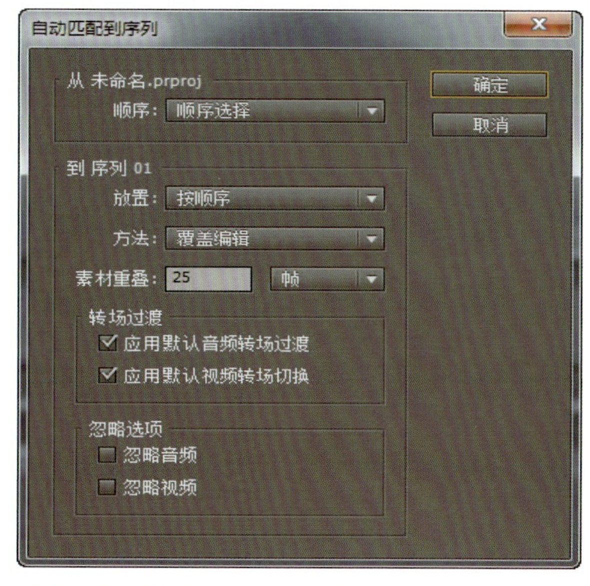

图1-38　“自动匹配到序列”对话框

1.2.5　在时间线中编辑素材

素材被添加到时间线中后，还得根据需要在时间线窗口中对片段进行编辑，以达到完善的效果。Premiere Pro CS5.5 提供了强大的编辑工具，可以在时间线窗口中对素材片段进行复杂编辑。

1）选择素材片段

在时间线窗口中编辑素材片段之前，首先需要将其选中。

使用“选择工具”按钮单击素材片段，可以将其选中。按住〈Alt〉键，单击链接片段的视频或音频部分，可以单独选中单击的部分。

如果要选择多个素材片段，按住〈Shift〉键，使用“选择工具”逐个单击要选择的素材片段，或使用“选择工具”拖曳出一个区域，可以选中区域范围内的素材片段。

使用“轨道选择工具”按钮单击轨道上某一素材片段，可以选择此素材片段及同一轨道上其后的所有素材片段。按住〈Alt〉键，使用“轨道选择工具”按钮单击轨道中链接的素材片段，可以单独选择其视频轨道或音频轨道上的素材。按住〈Shift〉键，使用“轨道选择工具”按钮单击不同轨道上的素材片段，可以选择多个轨道上所需的素材片段。

选择素材片段的方法有多种，应根据实际情况使用最简捷的方法。

2）在时间线窗口中编辑素材片段

在时间线窗口中，素材片段按时间顺序在轨道上从左至右排列，按合成的先后顺序，从上至下分布在不同的轨道上。使用“选择工具”拖曳素材片段，可以将其移动到相应轨道的任何位置。如果时间线窗口的“吸附”按钮处于打开状态，则在移动素材片段的时候，会将其与一些特殊点进行自动对齐。

使用“选择工具”，当移动到素材片段的入点位置，出现剪辑入点图标时，可以通过拖曳对素材片段的入点进行重新设置；同理，当移动到素材片段的出点位置，出现剪辑出点图标时，可以通过拖曳对素材片段的出点进行重新设置。

执行菜单命令“编辑”→“剪切/复制/粘贴/清除”，可以对素材片段进行剪切、复制、粘贴及清除的操作，其对应的快捷键分别为〈Ctrl+X〉，〈Ctrl+C〉，〈Ctrl+V〉和〈Backspace〉。复制后的素材片段将保留各属性的值和关键帧，以及入点和出点的位置，并保持原有的排列顺序。

①在时间线窗口中移动当前播放指针到要删除片段的入点，按<I>键，设置一个入点；再将当前时间指针移动到要删除片段的出点，按〈O〉键，设置一个出点。按〈Q〉键，当前时间指针到入点；按〈W〉键，当前时间指针移动到出点。

②按〈;〉键，则入点到出点之间的片段被删除，后续片段前移，时间线上不留下空隙。

③按〈'〉键，则入点到出点之间的片段被删除，后续片段不前移，时间线上留下空隙。

利用时间线窗口的自动吸附功能，可以在移动素材片段的时候，将其与一些特殊点进行自动对齐，其中包括素材片段的入点和出点、标记点、时间标尺的开始点和结束点以及时间指针的当前位置。

3）素材片段的分割与伸展

（1）素材片段的分割

如果需要对一个素材片段进行不同的操作或施加不同的效果，可以先将素材片段进行分割。使用“剃刀工具”按钮，单击素材片段上要进行分割的点，可以从此点将素材片段一分为二。按住〈Alt〉键，使用剃刀工具单击链接的素材片段上某一点，则仅对单击的视频或音频部分进行分割。按住〈Shift〉键，单击素材片段上某一点，可以以此点将所有未锁定轨道上的素材片段进行分割。执行菜单命令“时间线”→“应用剃刀于当前时间标记点”或快捷键〈Ctrl+K〉，可以以时间指针所在位置为分割点，将未锁定轨道上穿过此位置的所有素材片段进行分割。

（2）素材片段的伸展

如果需要对素材片段进行快放或慢放的操作，可以更改素材片段的播放速率和持续时间。对于同一个素材片段，其播放速率越快，持续时间越短，反之亦然。使用速率伸展工具对素材片段的入点或出点进行拖曳，可以更改素材片段的播放速率和持续时间。

执行菜单命令“素材”→“速度/持续时间”或快捷键〈Ctrl+R〉，可以在打开的“素材速度/持续时间”对话框中对素材片段的播放速率和持续时间进行精确的调节，还可以通过勾选“速度反向”，将素材片段的帧顺序反转。

可以重复对素材片段进行分割或伸展的操作，其作用效果相互影响。

4）素材片段的链接与编组

默认状态下，影片素材被添加到轨道后，其视频部分和音频部分是链接的，对某部分进行的选择、移动、设置入点或出点、删除、分割或伸展等操作，将影响另一部分。当需要对其中某部分进行单独操作时，可以在按住〈Alt〉键的同时，进行操作，或取消其链接关系。

（1）解除视音频链接

执行菜单命令“素材”→“解除视音频链接”，可以解除链接关系，使一个链接的影片素材变为独立的一个视频素材片段和一个音频素材片段，从而对其进行单独操作。

（2）链接视音频

当完成对某部分的操作后，执行菜单命令“素材”→“链接视音频”，可以将断开链接的素材片段重新链接起来。如果对素材的各部分进行单独的移动后再重新链接，其各部分的左上角会显示各部分的相对时间关系。使用链接命令也可以将选中的一个视频素材片段和一个音频素材片段进行链接，使其成为一个整体，方便操作。

（3）编组

除了链接素材，还可以对多个素材片段进行编组，使其成为一个整体，像操作一个素材片段一样对其进行编辑操作。

执行菜单命令“素材”→“编组”或快捷键〈Ctrl+G〉，可以将选中的素材片段结成一组。按住〈Alt〉键，可以对组中的单个素材片段进行单独操作。

（4）取消编组

使用菜单命令“素材”→“取消编组”或快捷键〈Ctrl+Shift+G〉将编组的素材片段解除编组。

仅可以对一个视频素材片段和一个音频素材片段进行链接，无法对同类型的素材片段进行链接。要将同类型的素材片段作为一个整体，可以使用编组的方法。

5）波纹编辑与滚动编辑

除了使用“选择工具”拖曳的方法编辑素材片段入点和出点，还可以根据实际情况，使用几种专业化的编辑工具对相邻素材片段的入点和出点进行更改，从而完成一些比较复杂的编辑。对于相邻的两个素材片段，可以使用波纹编辑或滚动编辑的方法，对其进行编辑操作。在进行这两种编辑时，监视器窗口的节目视窗会显示前一个素材片段的出点帧和后一个素材片段的入点帧，方便观察操作。

（1）波纹编辑

波纹编辑在更改当前素材入点或出点的同时，会根据素材片段收缩或扩张的时间，将随后的素材向前或向后推移，导致节目总长度发生变化。

如使用“波纹编辑工具”按钮，当移动到素材片段的入点或出点位置，出现波纹入点图标或波纹出点图标时，可以通过拖曳对素材片段的入点或出点进行编辑。随后的素材片段将根据编辑的幅度自动移动，以保持相邻，如图1-39所示。

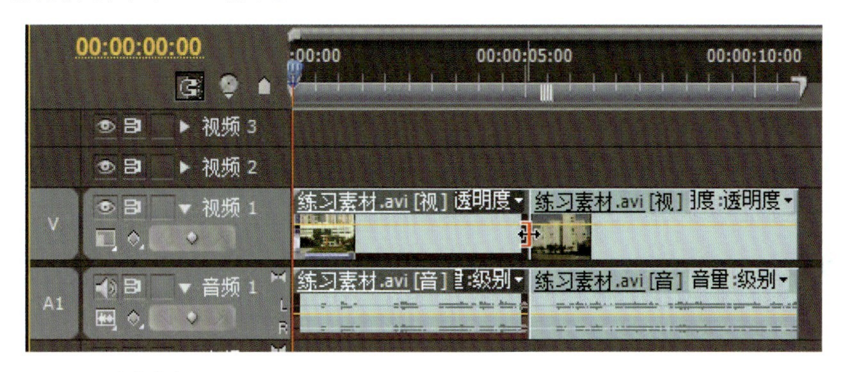

图1-39　波纹编辑

（2）滚动编辑

滚动编辑对相邻的前一个素材片段的出点和后一个素材片段的入点进行同步移动，其他素材片段的位置和节目总长度保持不变。

使用“滚动编辑工具”按钮，在素材片段之间的编辑点上向左或向右拖曳，可以在移动前一个素材片段出点的同时，对后一个素材片段的入点进行相同幅度的同向移动，如图1-40所示。

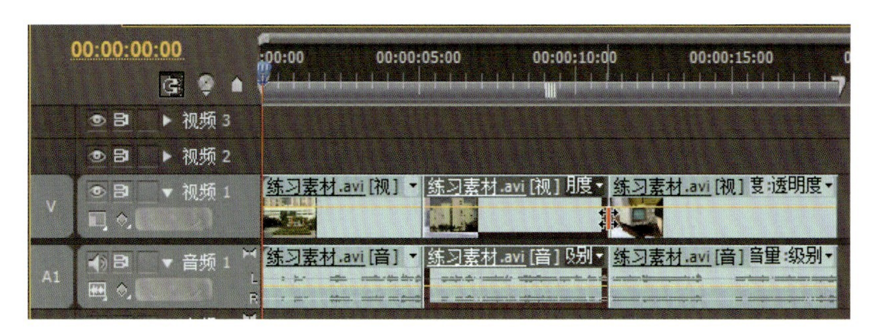

图1-40　滚动编辑

波纹编辑与滚动编辑最明显的区别就在于，波纹编辑更改节目总长度，而滚动编辑保持节目总长度不变。

6）错落编辑与滑动编辑

对于相邻的3个素材片段，可以使用滑动编辑或错落编辑的方法，对其进行编辑操作。在进行这两种编辑时，监视器窗口的节目视窗会显示中间素材片段的入点帧和出点帧以及前一个素材片段的出点帧和后一个素材片段的入点帧，方便观察操作，如图1-41所示。

（a）

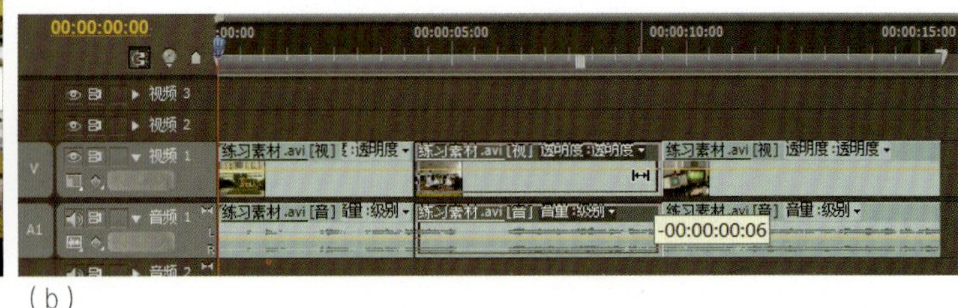

（b）

图1-41　错落编辑

①错落编辑按钮对素材片段的入点和出点进行同步移动，并不影响其相邻的素材片段，节目总长度保持不变。

②滑动编辑按钮通过同步移动前一个素材片段的出点和后一个素材片段的入点，在不更改当前素材片段入点和出点位置的情况下，对其进行相应的移动，节目总长度保持不变。

③分别使用“错落编辑工具”按钮和“滑动编辑工具”按钮在素材片段上进行拖曳，实现相应的编辑操作。

④错落编辑改变当前素材片段的入点和出点，而滑动编辑改变前一个素材片段的出点和后一个素材片段的入点，二者均不改变节目总长度。

7）使用交错视频素材

视频素材按场序排列可以分为两种：交错和非交错。

交错视频素材的每一帧都包含两个场，每一个场都包含半数的水平帧扫描线。上场包含所有的奇数线，而下场包含所有的偶数线。交错视频监视器在显示视频帧时，先通过扫描显示其中的一个场，再显示另外一个场，合为一帧画面。场顺序用以描述显示上、下两场的先后顺序。而非交错视频素材采用逐行扫描的方式，顺序显示每一帧。

大多数广播级视频素材属于交错视频素材，而目前的高清视频标准包含交错和非交错视频两种。

通常情况下，交错视频在显示器中播放是不明显的，而只有慢速播放或冻结某一帧时，才可以清晰地辨别出两个场的扫描线。因此，经常需要将交错视频素材转换为非交错视频素材。通常使用的方法是除去其中的某一个场，使用复制或插值运算的方式对另一个场的画面进行修补。

可以对时间线中交错视频素材中的场进行处理，以使得素材片段的帧画面和运动的质量在改变帧速率，回放和冻结帧时得到保护。

在时间线窗口中选中一个素材片段，执行菜单命令“素材”→“视频选项”→“场选项”，打开“场选项”对话框。勾选“交换场序”，可以改变素材片段的场顺序，如图1-42所示。

在“处理选项”栏中随需选择一种处理场的方式。

①无：不处理场。

②交错相邻帧：将一对连续的逐行扫描帧转换为交错场。此项可以将50帧/秒的逐行扫描动画转换为25帧/秒的交错视频素材。

③总是反交错：将交错视频场转换为完整的逐行扫描帧。

④消除闪烁：消除交错场的闪烁。

一切设置完毕，单击“确定”按钮，将场设置应用于所选素材。

当调整素材速度低于100％时，执行菜单命令“素材”→“视频选项”→“帧融合”，可以使用帧融合技术改善画质。

8）素材的帧处理

所谓静帧就是影片中的定格。在Premiere Pro CS5.5中，素材的静帧是将一帧以素材的时间长度持续显示，就好像显示一张静止图像。

用鼠标右键单击要定格的片段，从弹出的快捷菜单中选择“帧定格”菜单命令，打开“帧定格选项”对话框，如图1-43所示，各选项含义如下。

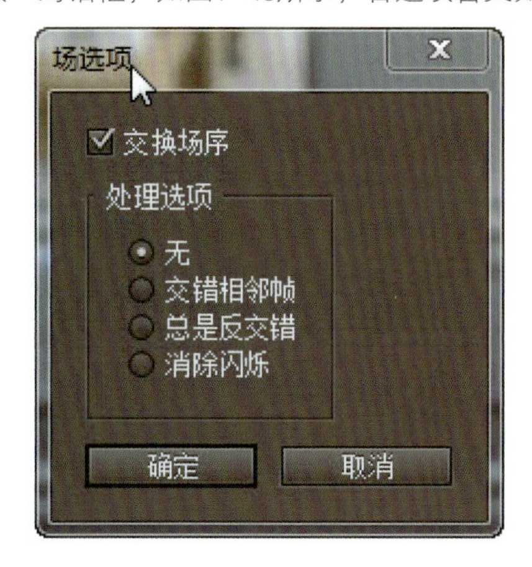

图1-42　“场选项”对话框

图1-43　“帧定格选项”对话框

①定格在：从右侧的下拉列表中可以选择定格入点、标记0和出点，在相应处静帧。

②定格滤镜：可以使应用了具有关键帧特效的片段，在静帧的同时仍然显示特效变化效果。

③反交错：片段将始终保持反交错场，也就是一帧中的两场完全相同。

1.2.6　高级编辑技巧

除了在监视器和时间线窗口中对素材片段和时间线进行基本的编辑操作外，使用并借助一些高级编辑技巧，可以大大丰富我们的创作手段，进一步满足应用领域的需求。

1）使用标记

标记可以起到指示重要的时间点并帮助定位素材片段的作用。可以使用标记定义时间线中的一个重要的动作或声音。标记仅仅用于参考，并不改变素材片段本身。还可以使用时间线标记设置DVD或QuickTime影片的章节，以及在流媒体影片中插入URL链接。

可以向时间线或素材片段添加标记。每个时间线和每个素材片段可以单独包含最多100个带有序号的标记，序号从0～99进行排列，或包含尽可能多的无序号标记。在监视器窗口中，标记以小图标的形式出现在其时间标尺上；而在时间线窗口中，素材标记在素材上显示，而时间线标记在时间线的时间标尺上显示，如图1-44所示。

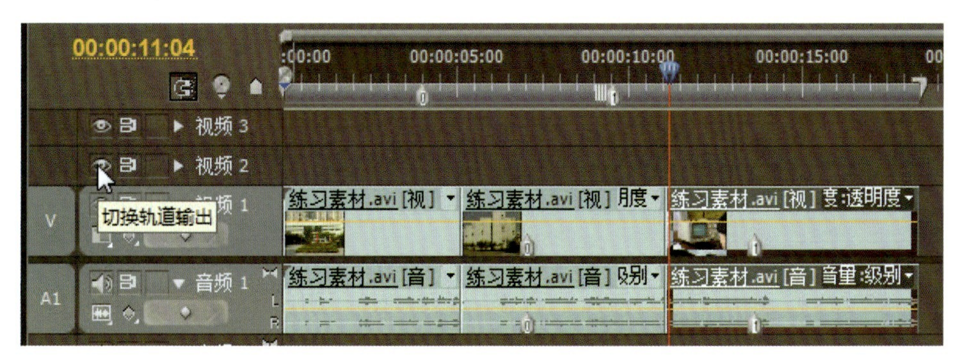

图1-44　各种标记

当为从项目窗口中打开的素材片段设置好标记后，再将其添加到时间线中后，依然保持标记；而改变源素材的标记则不影响已经添加到时间线中的素材标记，反之亦然。

使用如下方式可以设置各种标记。

①在源监视器中打开素材，将当前时间指针移动到要设置标记的位置，单击“设置未编号标记”按钮，则在此位置为素材添加一个无序号的素材标记。

②在时间线窗口中，将当前时间指针移动到要设置标记的位置，在节目监视器窗口中单击“设置未编号标记”按钮，或在时间线窗口中单击“设置无编号标记”按钮，将在此位置为时间线添加一个无序号的时间线标记。

③在源监视器中打开素材，或在时间线窗口中选择素材，将当前时间指针移动到要设置标记的位置，使用菜单命令“标记”→“设置素材标记”→“下一个有效编号/其他编号”，可以分别以顺序或自定义的方式在此位置为素材添加一个带有序号的素材标记。

④选择节目监视器或时间线窗口，将当前时间指针移动到要设置标记的位置，执行菜单命令“标记”→“设置序列标记”→“下一个有效编号/其他编号”，可以分别以顺序或自定义的方式在此位置为时间线添加一个带有序号的时间线标记。

注：在序列嵌套时，子序列的时间线标记在母时间线中会显示为嵌套序列素材的素材标记。

执行菜单命令“标记”→“清除素材标记”→“当前标记/所有标记/编号”，可以分别删除当前素材标记、所有素材标记或带有序号的素材标记。而执行菜单命令“标记”→“清除序列标记”→“当前标记/所有标记/编号”，可以分别删除当前时间线标记、所有时间线标记或带有序号的时间线标记。

2）序列嵌套

一个项目中可以包含多个序列，所有的序列共享相同的时基。执行菜单命令“文件”→“新建”→“序列”，或在项目窗口的底端单击“新建”按钮，在弹出的菜单中选择“序列”菜单项，打开“新建序列”对话框。在对话框中输入序列的名称，设置视频轨道和各种音频轨道的数目，如图1-45所示。设置完毕，单击“确定”按钮，即可按照设置创建新的序列。

可以将一个序列作为素材片段插入到其他的序列中，这种方式叫作嵌套。无论被嵌套的源序列中含有多少视频和音频轨道，嵌套序列在其母序列中都会以一个单独的素材片段的形式出现。

可以像操作其他素材一样，对嵌套序列素材片段进行选择、移动、剪辑并施加效果。对于源序列作出的任何修改，都会实时地反映到其嵌套素材片段上，而且可以进行多级嵌套，以创建更为复杂的时间线结构。

①嵌套序列的功能可以大大提高工作效率，以完成那些复杂或不可能完成的任务。

A.重复使用序列。只需要创建序列一次，就可以像普通素材一样，将其不限制次数地添加到序列中。

B.为序列复制施加不同的设置。例如，要重复播放一个序列，但每次要看到不同的效果，则可以为每个嵌套序列素材片段分别施加不同的效果。

C.使编辑的空间更加紧凑，流程更加顺畅。分别创建复杂的多层序列，并将它们作为单独的素材片段添加到项目的主序列中。这样可以免去同时编辑多个轨道的主序列，并且还能减少不经意间误操作的可能性。

D.创建复杂的编组和嵌套效果。例如，虽然可以在一个编辑点上施加一个转场效果，但通过嵌套序列，对嵌套的素材片段施加新的转场效果，可以创建多重转场。

②创建嵌套序列应该遵循以下原则。

A.不可以进行自身嵌套。

●当动作中包含嵌套序列素材片段时，会需要更多的处理时间，因为嵌套序列素材片段中包含了许多相关的素材片段，Premiere Pro CS5.5 会将动作施加给所有的素材片段。

●嵌套序列总是显示其源序列的当前状态。对源序列中内容的更改会实时地反映到其嵌套序列素材

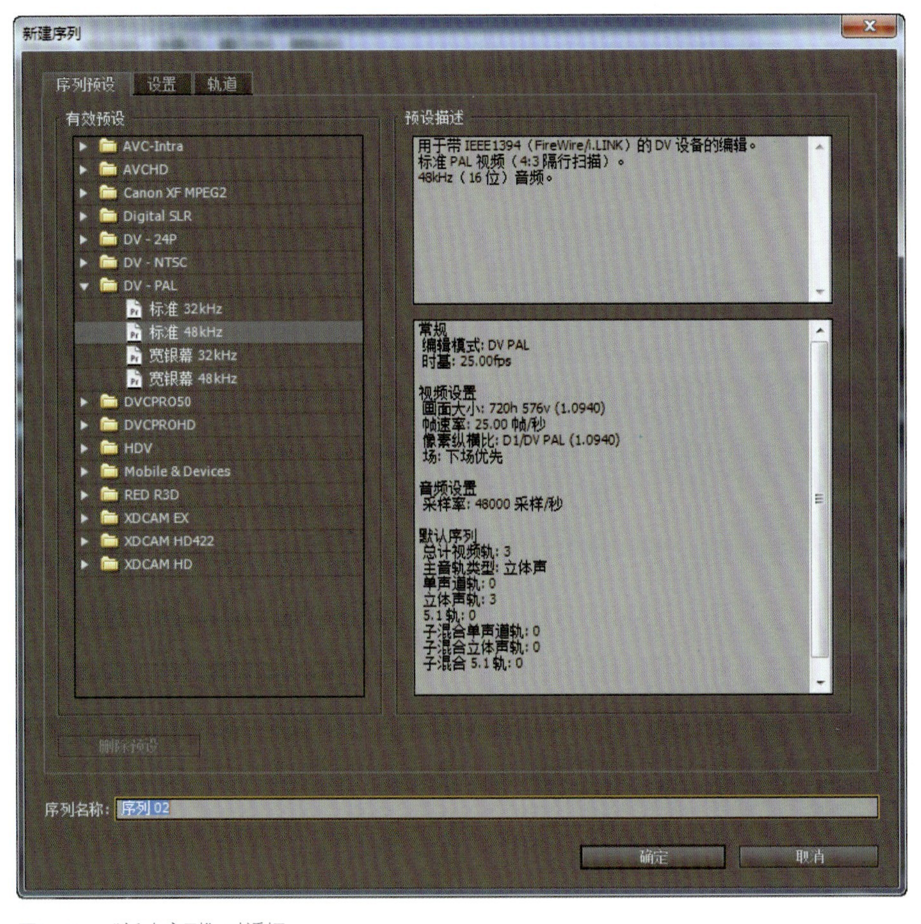

图1-45　“新建序列”对话框

片段中。

B.嵌套序列素材片段起始的持续时间由其源时间线所决定，并包含其源序列中起始位置的空间。

●像其他素材片段一样，可以设置嵌套序列素材片段入点和出点。之后改变源时间线的持续时间则不会影响当前的现存的嵌套序列素材片段的持续时间。要加长嵌套序列素材片段的长度，并显示添加到源序列中的素材，应该使用基本剪辑方式，向右拖曳其出点位置；反之，如果源序列变短，则其嵌套序列素材片段中会出现黑场和静音，也可以通过设置出点的位置，将其消除。

③将序列从项目窗口或素材源监视器窗口中拖曳到时间线窗口中当前序列适当的轨道位置上，或使用其他添加素材的编辑方式进行嵌套，如图1-46所示。双击嵌套时间线素材片段，可以将其源序列打开作为当前序列进行显示。

图1-46　嵌套

3）编辑多摄像机序列

使用多摄像机监视器可以从多部摄像机中编辑素材，以模拟现场摄像机转换。使用这种技术，最多可以同时编辑4部摄像机拍摄的内容。

在多摄像机编辑中，可以使用任何形式的素材，包括各种摄像机中录制的素材和静止图片等。可以最多整合4个视频轨道和4个音频轨道，可以在每个轨道中添加来自于不同磁带的不止一个素材片段。整合完毕，需要将素材进行同步化并创建目标时间线。

首先将所需素材片段添加到最多4个视频轨道和音频轨道上。在尝试进行素材同步化之前，必须为每个摄像机素材标记同步点。可以通过设置相同序号的标记或通过每个素材片段的时间码来为每个素材片段设置同步点。

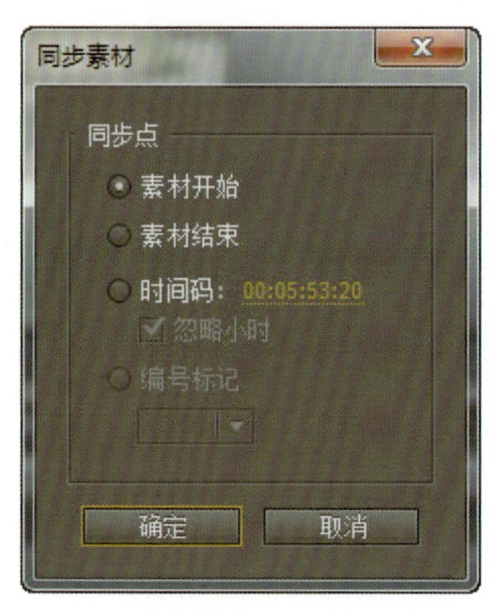

图1-47 “同步素材”对话框

①选中要进行同步的素材片段，执行菜单命令“素材”→“同步”，打开“同步素材”对话框，如图1-47所示，在其中选择一种同步的方式。

A.素材开始：以素材片段的入点为基准进行同步。

B.素材结束：以素材片段的出点为基准进行同步。

C.时间码：以设定的时间码为基准进行同步。

D.已编号标记：以选中的带序号的标记进行同步。

设置完毕，单击“确定”按钮，则按照设置，对素材进行同步。

②执行菜单命令“文件”→“新建”→“序列”，打开“新建序列”对话框，默认当前的设置，单击“确定”按钮，新建“序列02”。

③从项目窗口将“序列01”拖到“序列02”的“视频1”轨道上。

④选择嵌套“序列02”的素材片段，执行菜单命令“素材”→“多机位”→“启用”，激活多摄像机编辑功能。

⑤执行菜单命令“窗口”→“多机位监视器”，打开“多机位监视器”窗口，如图1-48所示。

图1-48 “多机位监视器”窗口

多摄像机监视器可以从每个摄像机中播放素材，预览最终编辑好的序列。当记录最终序列的时候，单击一个摄像机预览，将其激活，从此摄像机中进行录入。当前摄像机内容在播放模式时，显示黄色边框，而在记录模式时，则显示红色边框。

⑥多摄像机监视器窗口中包含了基本的播放和传送控制，支持相应的快捷键控制。在多摄像机监视器窗口的弹出式菜单中取消勾选“显示预览监视器”，则隐藏记录时间线预览，仅显示镜头画面。

⑦进行录制之前，可以在多摄像机监视器中，单击“播放”按钮，进行多摄像机的预览。单击“记录”按钮，单击“播放”按钮，开始进行录制。在录制的过程中，通过单击各个摄像机视频缩略图，以在各个摄像机间进行切换，其对应快捷键分别为〈1〉、〈2〉、〈3〉、〈4〉数字键。录制完毕，单击“停止”按钮，结束录制。

⑧再次播放预览时间线，时间线已经按照录制时的操作，在不同的区域显示不同的摄像机素材片段，以[MC1]、[MC2]的方式标记素材的摄像机来源，如图1-49所示。

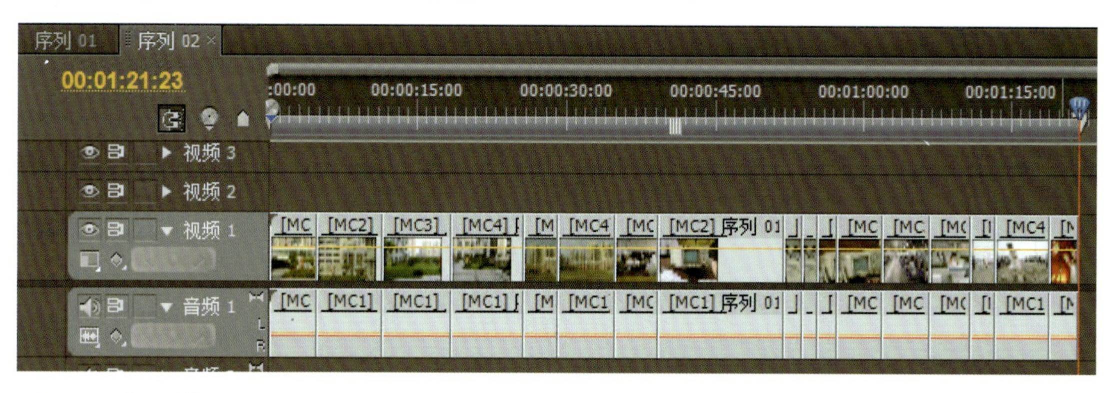

图1-49　预览时间线

录制完毕，还可以使用一些基本的编辑方式对录制结果进行修改和编辑。

4）素材替换

Premiere Pro CS5.5提供了素材替换这样一个功能，提高了编辑的速度。如果时间线上某个素材不合适，则可以用另外的素材来替换。在项目窗口中双击用来替换的素材，使其在源监视器中显示，给这个素材设置入点（如果不设置入点，则默认将素材的头帧作为入点）。按住键盘的〈Alt〉键，同时将替换的素材从源监视器拖到时间线上被替换的素材上，松开鼠标，就完成整个替换的工作。替换后的新的素材片段仍然会保持被替换片段的属性和效果设置。

另外，也可以在时间线上用鼠标右键单击需要替换的素材片段，从弹出的快捷菜单中选择“替换素材”→“从源监视器/从源监视器，匹配帧/从文件夹”菜单项，如图1-50所示，从上述3种替换方法中选择一种。

①“从源监视器”是用素材源监视器里当前显示的素材来完成替换，时间上是按照入点来进行匹配的。

②“从源监视器，匹配帧”这个方式，也是用素材源监视器里当前显示的素材来完成替换，但是时间上是以当前时间显示，即以素材源监视器中的蓝色图标、时间线里的红线来进行帧匹配，忽略入点，如图1-51所示。

③“从文件夹”这个方式，使用项目窗口中当前被选中的素材来完成替换（每次只能选一个）。

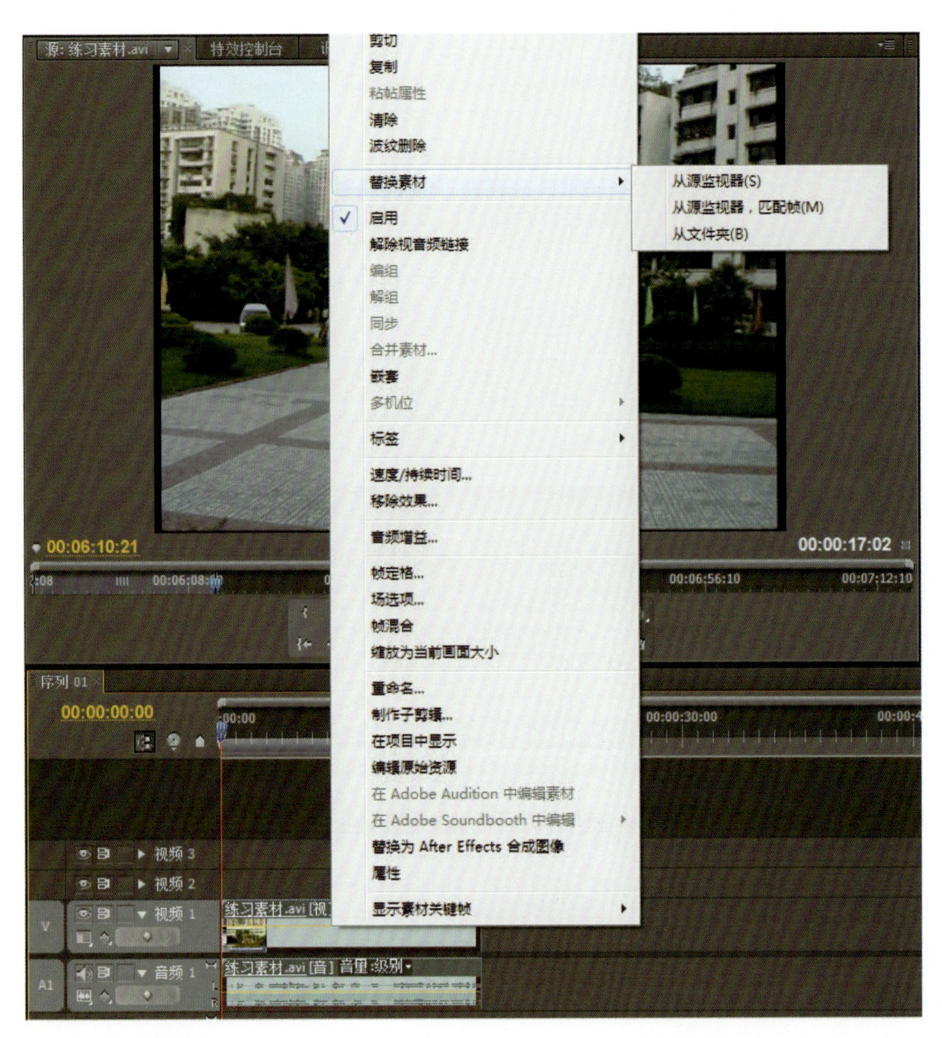

图1-50 “素材替换”对话框

图1-51 “从源监视器，匹配帧”对话框

1.2.7 应用实例

分屏效果的制作

知识要点：添加视频轨道，编辑素材，运动参数的设置，素材片段的分割，复制、粘贴属性。

利用剃刀工具，通过复制、粘贴属性及运动参数的设置，可以制作出4幅画面按顺序移动的效果。

①启动Premiere Pro CS5.5，新建一个名为“分屏效果”的项目文件。

②执行菜单命令“文件”→“导入”，导入本项目素材文件夹内的“练习素材”，如图1-52所示。

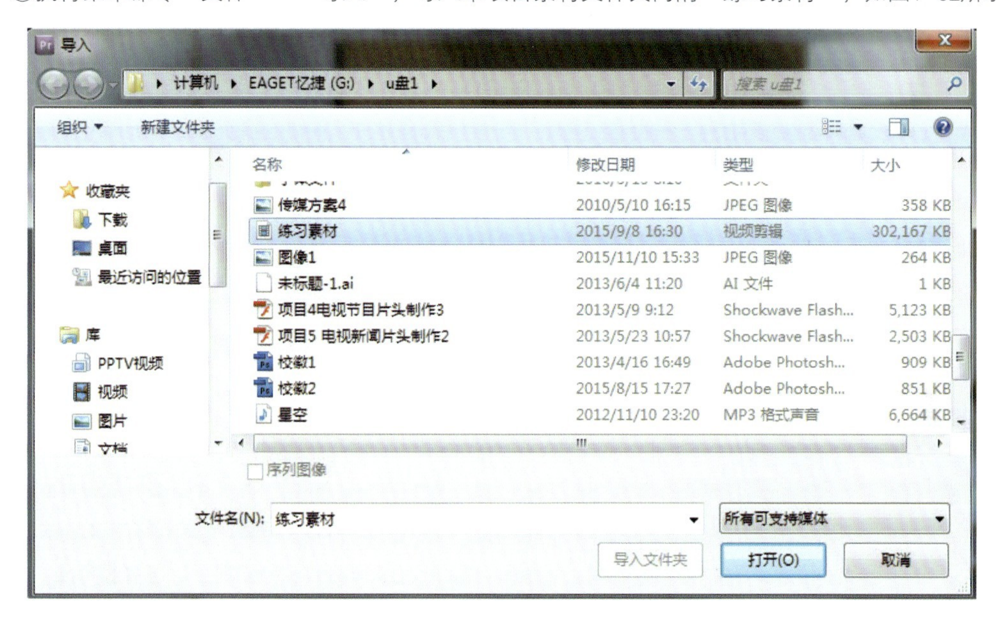

图1-52　导入素材

③在项目窗口双击“练习素材”素材，将其在素材源监视器窗口中打开，如图1-53所示。

图1-53　“源监视器”窗口

④执行菜单命令“序列”→“添加轨道”，打开“添加视音轨”对话框，添加1条视频轨道，如图1-54所示。单击“确定”按钮，为“时间线”窗口添加1条视频轨道，不增加音频轨道。

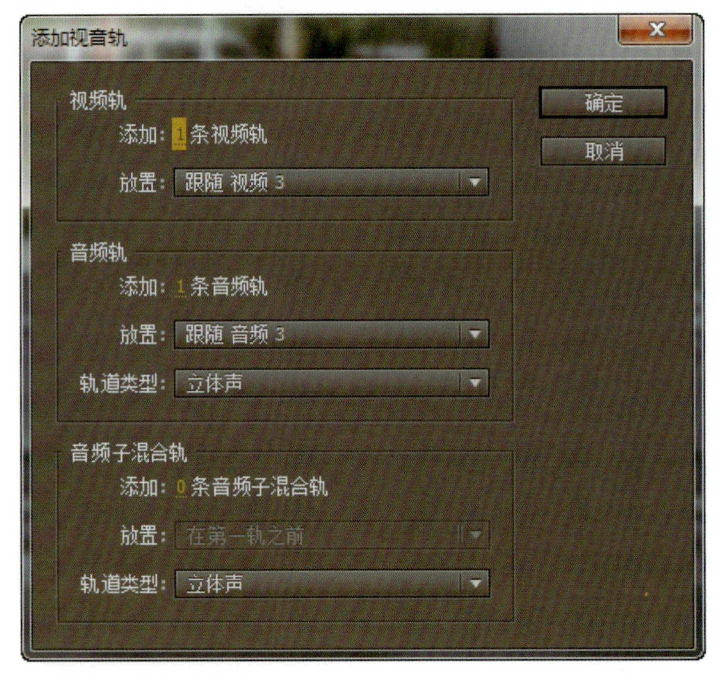

图1-54　添加1条视频轨道

⑤在素材源监视器窗口中，依次设置4段素材的入点、出点，对应的入点和出点为（10：09，16：08），（20：19，26：18），（44：24，50：23）和（29：16，35：15）。按住“仅拖动视频”按钮不放，将其拖到时间线的“视频1”“视频2”“视频3”和“视频4”轨道中，使其与0位置对齐，如图1-55所示。

⑥在特效控制窗口中展开“运动”参数，分别为“视频1”“视频2”“视频3”和“视频4”轨道中的片段设置“位置”参数为（180，432），（540，432），（540，144）和（180，144），“比例”参数设置均为50，效果如图1-56所示。

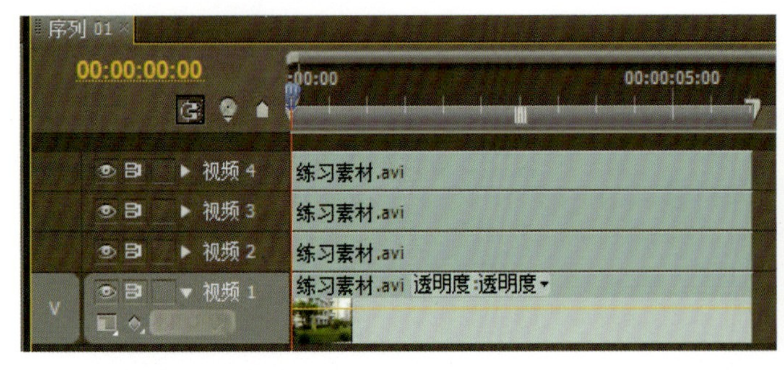

图1-55　添加片段

图1-56　效果图

以上的参数设置就可以实现4个素材在同一个屏幕上同时播放的分屏效果，下面再实现4个素材之间的移形换位。

⑦将播放指针分别定位在1：13、3：00和4：13位置，用工具栏中的剃刀片工具在播放指针处单击，将4个素材分别在1：13、3：00和4：13位置处截断，得到的结果如图1-57所示。

⑧用鼠标右键单击“视频1”轨道中的第1段，从弹出的快捷菜单中选择“复制”菜单项，在“视频2”轨道中用鼠标右键单击第2段，从弹出的快捷菜单中选择“粘贴属性”菜单项。将“视频1”轨道中的第1段运动属性粘贴到“视频2”轨道中的第2段上。

⑨用鼠标右键单击“视频2”轨道中的第1段，从弹出的快捷菜单中选择“复制”菜单项，在“视频3”

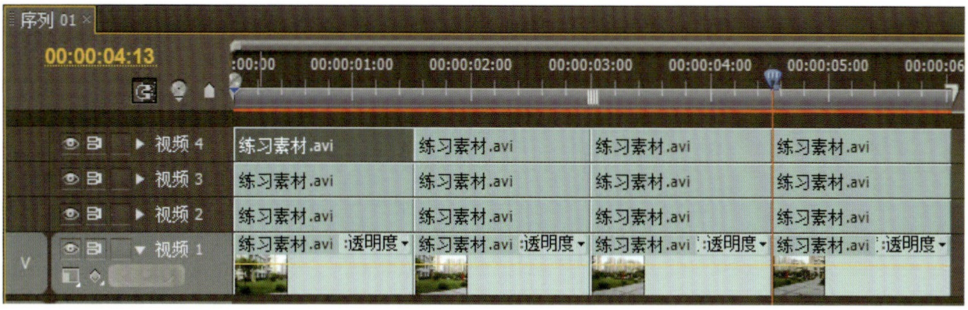

图1-57　截断素材

轨道中用鼠标右键单击第2段，从弹出的快捷菜单中选择“粘贴属性”菜单项。将“视频2”轨道中的第1段运动属性粘贴到“视频3”轨道中第2段上。

⑩用鼠标右键单击“视频3”轨道中的第1段，从弹出的快捷菜单中选择“复制”菜单项，在“视频4”轨道中用鼠标右键单击第2段，从弹出的快捷菜单中选择“粘贴属性”菜单项。将“视频3”轨道中的第1段运动属性粘贴到“视频 4”轨道中第2段上。

⑪用鼠标右键单击“视频4”轨道中的第1段，从弹出的快捷菜单中选择“复制”菜单项，在“视频1”轨道中用鼠标右键单击第2段，从弹出的快捷菜单中选择“粘贴属性”菜单项。将“视频4”轨道中的第1段运动属性粘贴到“视频1”轨道中第2段上。

这样素材的第1轮移形换位已经做好，当播放到这4个素材的第2段时，得到的效果如图1-58所示。

图1-58　播放时循环移动素材的位置的效果

⑫在4个素材的第2段和第3段之间重复第⑧到第⑪步，再将它们的位置进行一个循环移动。以此类推，得到的结果如图1-59所示。

图1-59　第三、四次循环移动素材的位置的效果

任务1.3

音频的编辑

【问题的情景及实现】

在节目中正确运用音频，既是增强节目真实感的需要，也是增强节目艺术感染力的需要。Premiere Pro CS5.5音频处理功能强大，有数十条声轨编辑合成效果及丰富的音频特效，为音频创作提供了有力的保证。

1.3.1 音频编辑基础

1）Premiere对音效的处理方式

在Premiere Pro CS5.5 中对音频进行处理有3种方式。

①在时间线窗口的音频轨道上通过修改关键帧的方式对音频素材进行操作。

②使用菜单中相应的命令来编辑所选择的音频素材。执行菜单命令“素材”→“音频选项”→“音频增益/源声映射/强制为单声道/渲染并替换/提取音频/抄录到文件”。

③在效果窗口中为音频素材添加音频特效来改变音频素材的效果。

在影片编辑中，可以使用立体声和单声道的音频素材。确定了影片输出后的声道属性后，就需要在进行音频编辑之前，先将项目文件的音频格式设置为对应的模式。执行菜单命令“文件”→“新建”→“序列”，打开“新建序列”对话框，在该对话框的“轨道”选项卡中选择需要的声道模式即可，如图1-60所示。

执行菜单命令“项目”→“项目设置”→“常规”，在打开的“项目设置”对话框中对音频的采样频率及显示格式进行设置，如图1-61所示。

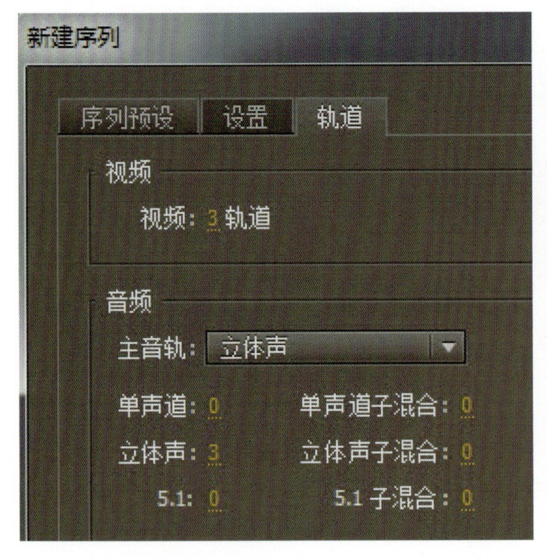

图1-60 “新建序列”对话框

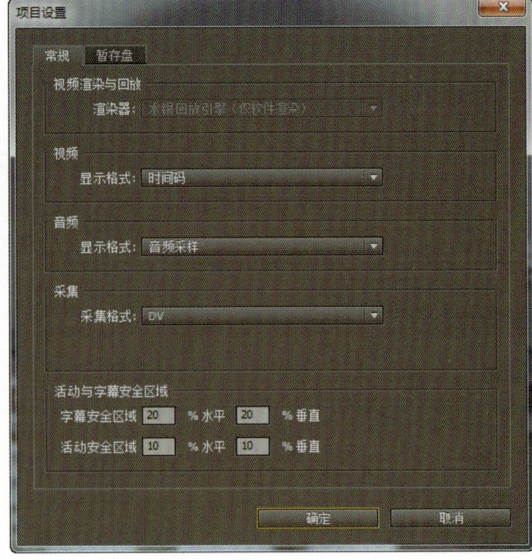

图1-61 “项目设置”对话框

执行菜单命令“编辑”→“首选项”→“音频”，可以在打开的“首选项”对话框中，通过改变“音频”参数对音频素材属性的使用进行一些初始设置，如图1-62所示。

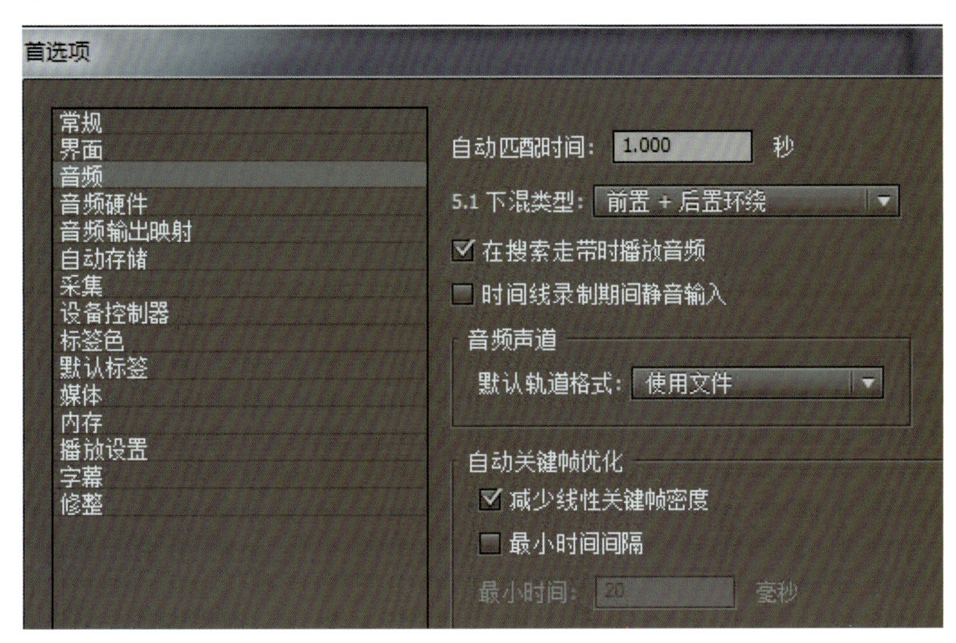

图1-62　“首选项”对话框

2）音频的处理顺序

对音频进行处理的主要步骤：无论何种音频格式，都要先在时间线窗口中进行设置，然后应用声音特效，配合使用音频轨道上音源的位移和增益，最后使用特效控制台窗口下的命令对音频素材进行处理。在处理音频的时候，有时还会用到调音台窗口。该窗口可以实时地对音频进行调整，调整后的结果将直接出现在音频轨道上。

3）添加音频

在进行编辑之前，需要先将要导入到项目中的音频准备好，执行导入操作，将音频添加到创建的项目中。除了执行菜单命令“文件”→“导入”或使用〈Ctrl+I〉组合键导入音频外，还可使用鼠标双击项目窗口中的素材列表框中的空白区域的方式来导入。

在打开“导入”对话框中选择所需要的音频，单击“打开”按钮，即可将音频导入到当前项目窗口中。如果要选择多个文件，可以通过框选的方法选取连续排列的多个文件，或者在按住〈Ctrl〉键的同时单击选择多个不连续排列的文件。

在进行音频效果的编辑之前，需要先将音频素材加入到时间线窗口中，才能对音频素材进行编辑操作。在Premiere Pro CS5.5 的项目窗口中，选中要加入到时间线中的音频素材，按下鼠标并将其拖动到时间线窗口的音频轨道上，此时音频轨道上会出现一个矩形块。拖动矩形块，可以将音频素材放到所需位置。

1.3.2　编辑音频素材

将需要的音频素材导入到时间线窗口以后，就可以对音频素材进行编辑了。下面介绍对音频素材进行编辑处理的各种操作方法。

1）调整音频持续时间和播放速度

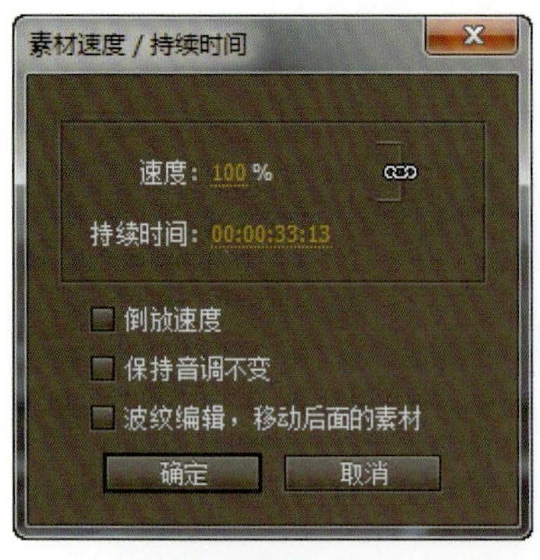

图1-63　调整持续时间

与视频素材的编辑一样，在应用音频素材时，可以对其播放速度和时间长度进行修改设置，其具体操作步骤如下：

①选中要调整的音频素材，执行菜单命令“素材”→“速度/持续时间”，打开“素材速度/持续时间”对话框，在“持续时间”栏可对音频的持续时间进行调整，如图1-63所示。当改变“素材速度/持续时间”对话框中的“速度”值时，音频的播放速度就会发生改变，从而使音频的持续时间也发生改变，但改变后的音频素材的节奏同时也被改变了。

②在时间线窗口中直接拖动音频的边缘，可改变音频轨迹上音频素材的长度；也可利用剃刀工具，将音频的多余部分切除掉，如图1-64所示。

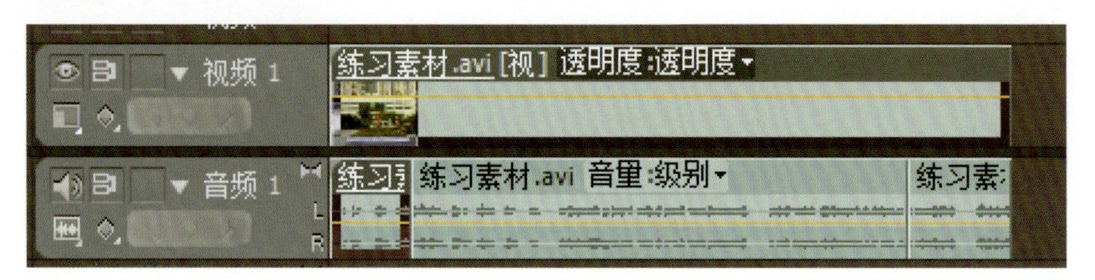

图1-64　改变音频素材的长度

2）调节音频增益

音频增益是指音频信号的声调高低。当一个视频片段同时拥有几个音频素材时，就需要平衡这几个素材的增益，如果一个素材的音频信号或高或低，就会严重影响播放时的音频效果。这时，可以通过以下步骤设置音频素材的增益。

①选择时间线窗口中需要调整的音频素材，被选择的素材周围会出现黑色实线，如图1-65所示。其中“音频1”轨道中的素材为选择状态，“音频2”轨道中的素材为非选择状态。

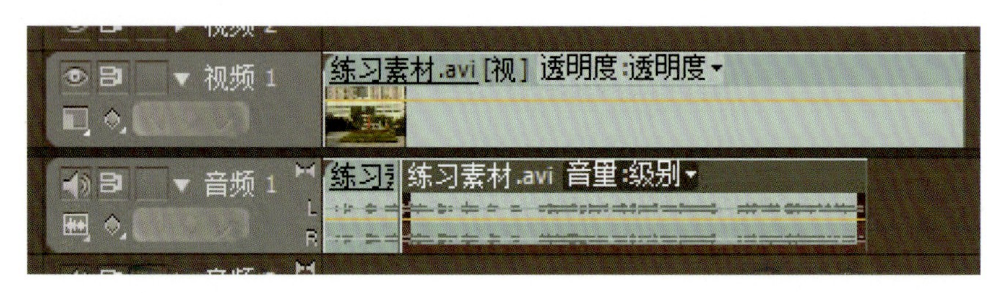

图1-65　选择音频素材

②执行菜单命令“素材”→“音频选项”→“音频增益”，打开“素材增益”对话框，如图1-66所示。

③将鼠标指针移到对话框的数值上。当指针变为手形标记时，按下鼠标左键并左右拖动鼠标，增益值将被改变，如图1-67所示。

④完成设置后，双击音频片段，可以通过源监视器窗口查看到处理前后的音频波形变化，如图1-68所示。这时可播放修改后的音频素材，以试听音频效果。

3）音频素材的音量控制

音频素材的音量可以通过两个简单的方法来控制。

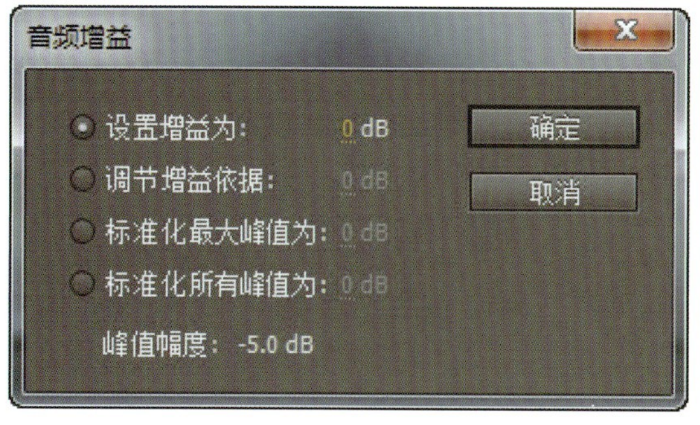

图1-66 "素材增益"对话框

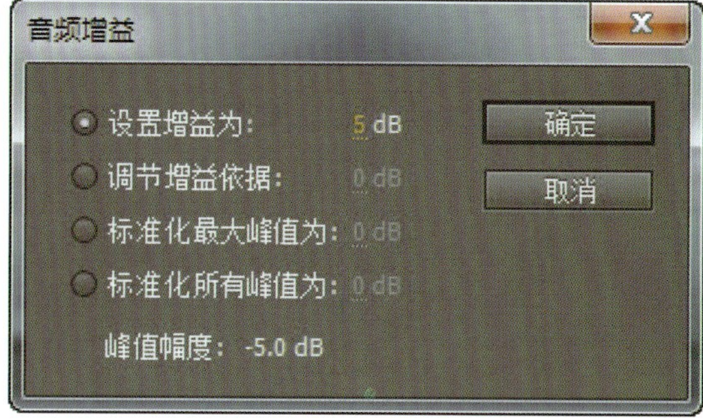

图1-67 改变增益值

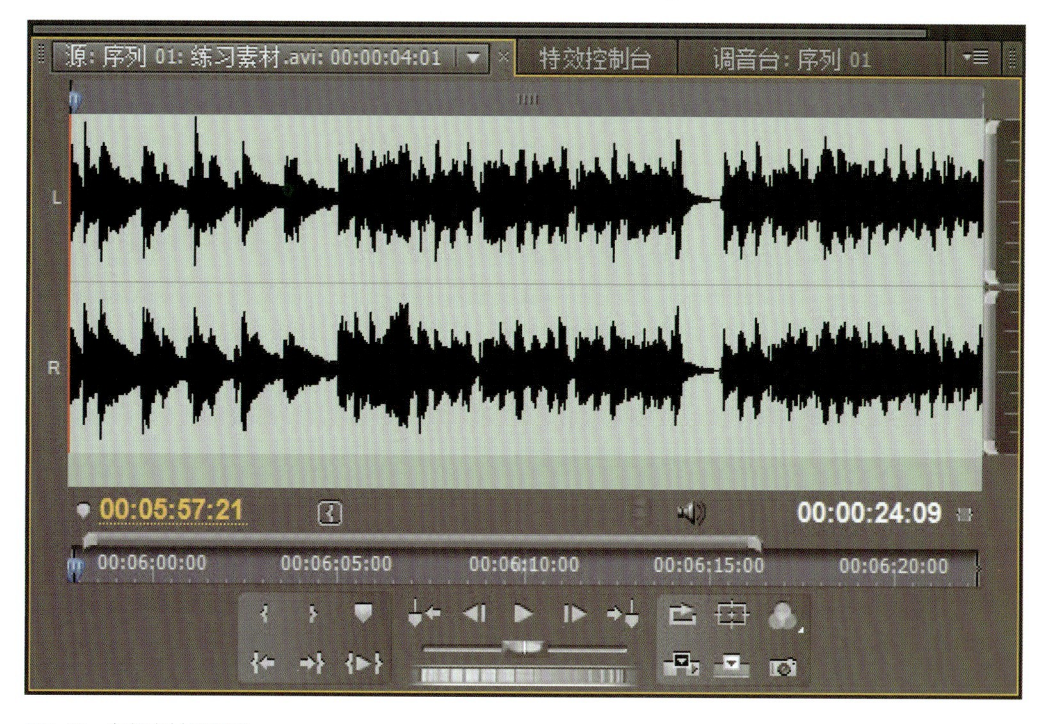

图1-68 音频素材波形图

①选中音频素材，打开特效控制台窗口，展开"音量"选项组，调节"级别"的数值，可以控制音频素材的音量，如图1-69所示。

②单击音频轨道上的"显示关键帧"按钮，选择"显示轨道关键帧"命令，单击音频轨道上的"添加删除关键帧"按钮，为音频素材添加关键帧。拖动关键帧即可控制音频素材的音量，如图1-70所示。

4）使用调音台窗口

调音台窗口可以对音轨素材的播放效果进行编辑和实时控制。执行菜单命令"窗口"→"工作窗口"→"音频编辑"，打开"调音台"窗口，如图1-71所示。调音台窗口为每一条音轨都提供了一套控制方法，每条音轨也根据时间线窗口中的相应音频轨道进行编号，使用该窗口可以设置每条轨道的音量大小、静音等。下面具体介绍该面板的使用方法。

①音轨号：对应着时间线窗口中的各个音频轨道。如果在时间线窗口中增加了一条音频轨道，在调音台窗口也会显示出相应的音轨号。

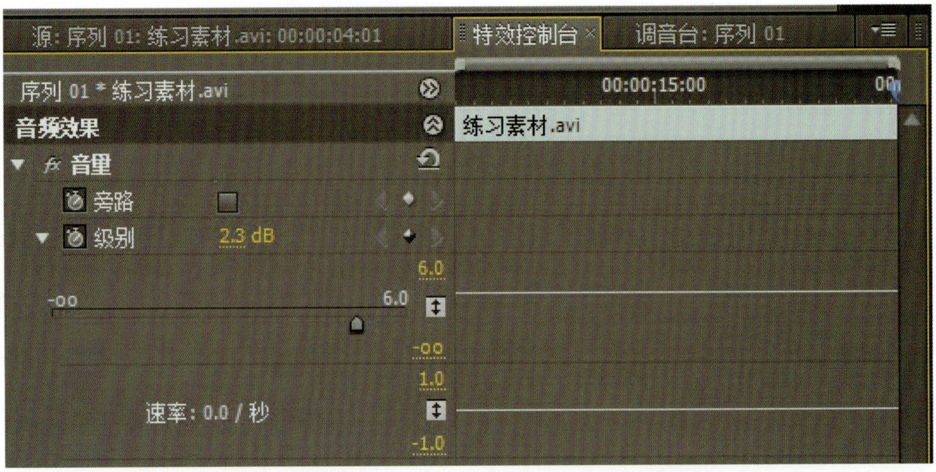

图1-69 “特效控制台”窗口

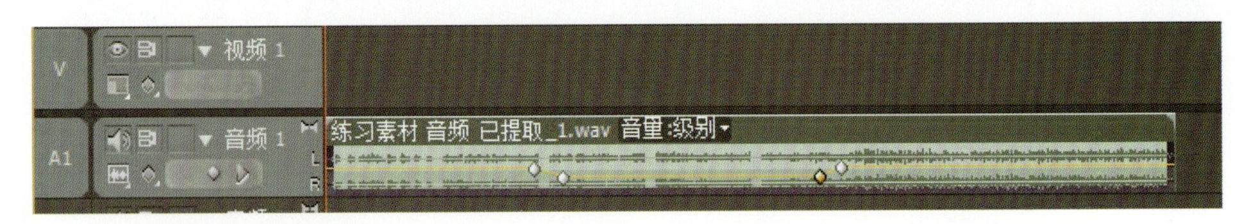

图1-70 拖动关键帧控制音量

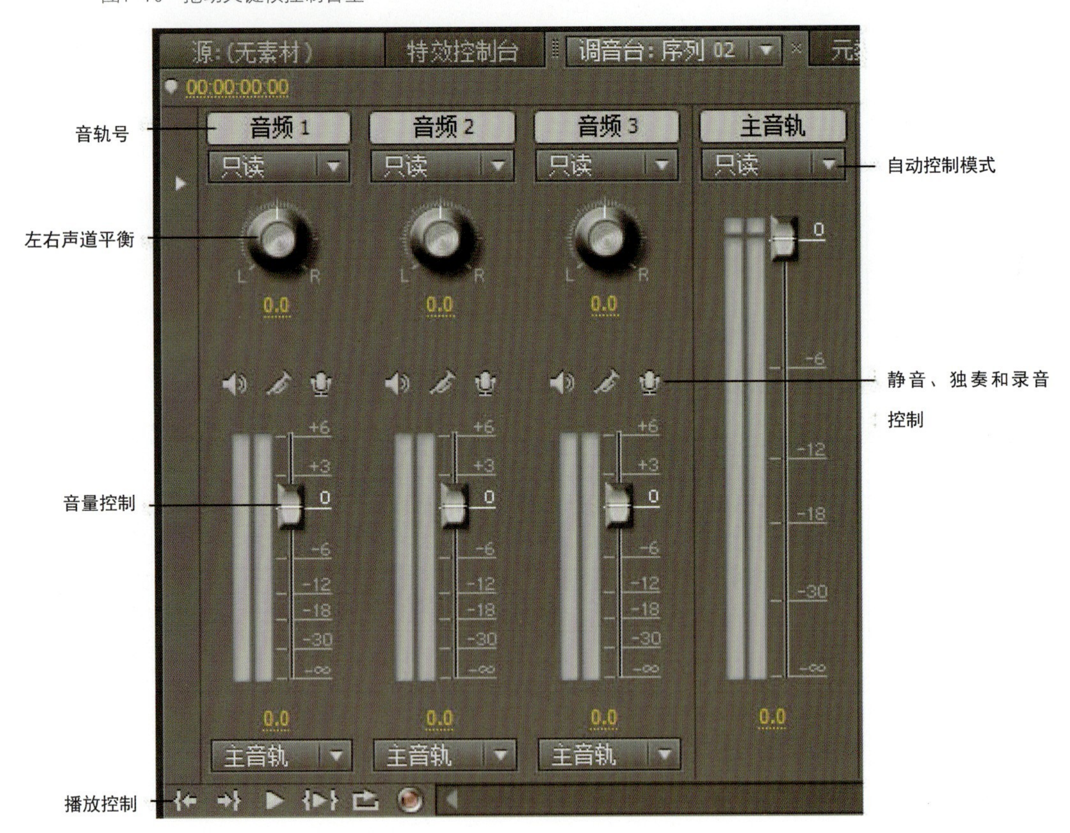

图1-71 调音台面板

②左右声道平衡：将该按钮向左转用于控制左声道，向右转用于控制右声道，也可以在按钮下面的数值栏直接输入数值来控制左右声道。

③音量控制：将滑动块向上下拖动，可以调节音量的大小，旁边的刻度用来显示音量值，单位是dB。

④静音、独奏、录音控制：静音按钮控制静音效果；按下“独奏”按钮可以使其他音轨上的片段成静音效果，只播放该音轨片段；录音控制按钮用于录音控制。

⑤播放控制按钮：该栏按钮包括跳转到入点、跳转到出点、播放、播放入点到出点、循环和录制按钮，它们的功能与前面介绍的相同。

5）使用音频特效

除了从效果窗口中为素材片段施加音效外，还可以通过调音台窗口施加轨道音效，为轨道中的素材片段统一施加效果。

在调音台窗口中，可以在轨道控制窗口中设置轨道效果。每个轨道最多支持5个轨道效果。Premiere Pro CS5.5会按照效果列表的顺序处理效果，改变列表顺序可能改变最终效果。效果列表还支持完全控制添加的VST效果。在调音台窗口中施加的效果也可以在时间线窗口中进行预览和编辑。

在调音台窗口中，单击“显示/隐藏效果与发送”按钮▾，以显示“轨道效果控制”窗口。单击“效果选择”按钮，打开“轨道效果”弹出式菜单，如图1-72所示。单击“轨道效果”弹出式菜单中的一个项，则为轨道施加此效果，如图1-73所示。

有些效果支持在效果列表中双击效果名称，可打开具体的设置窗口进行设置，如图1-74所示。

再次单击“效果选择”按钮，打开“轨道效果”弹出式菜单，在其中选择“无”，可以删除此效果。

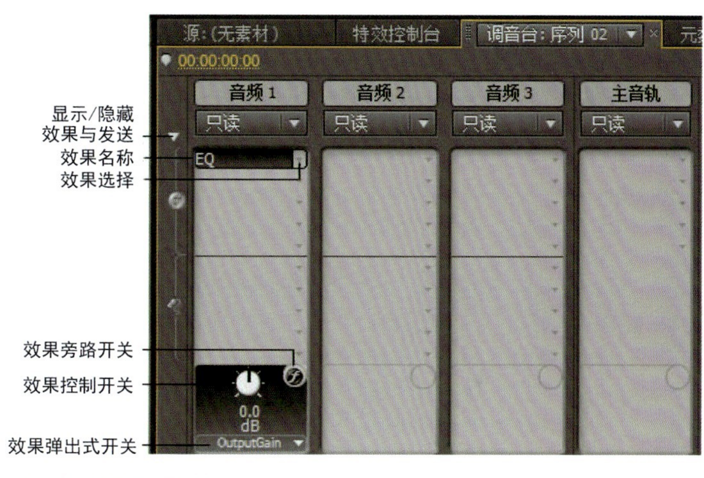

图1-73　轨道施加效果

图1-72　轨道效果弹出式菜单

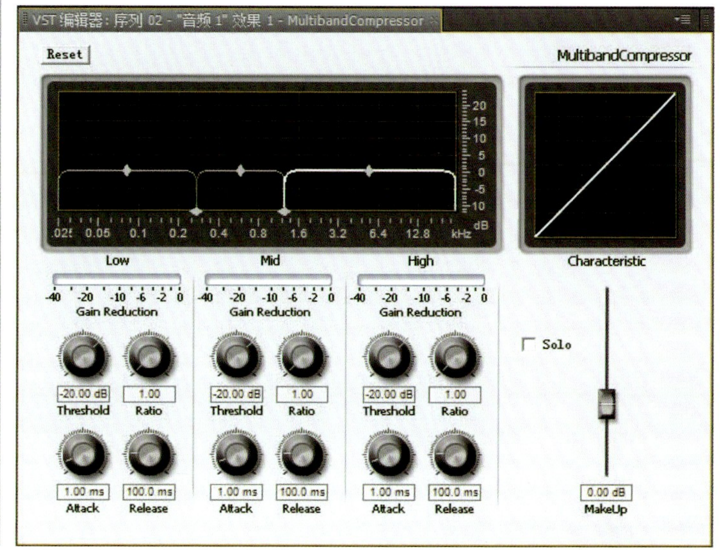

图1-74　进一步设置的效果

Premiere Pro CS5.5的音频滤镜包括5.1、立体声和单声道3个选项，每项中的滤镜是完全相同的，也就是说每一项中的滤镜只能对相应的素材起作用，这些音频特技效果可以通过特技效果产生。例如，回声、合声以及去除噪声的效果，还可以使用扩展的插件得到更多的控制。

①平衡：控制左右两个声道的音量平衡，如果左声道的声音偏大，就可以将参数设置为正值，以加大右声道的音量，使两个声道音量一致，反之亦然。

②低音：主要起对素材音频中的重音部分进行处理的作用，可以增强也可以减弱重音部分，同时不影响素材的其他音频部分。

③声道音量：用于单独控制每一个声道的音量。

④Chorus（合成）：合成两种分离的音频特技效果。

⑤DeClicker（降“滴答”声）：清除音频素材中的“滴答”声。

⑥DeCrackler（降爆声）：能够去除恒定的背景爆裂声。

⑦DeEsser（降齿声）：清除音频素材中的齿声。

⑧DeHummer（降“嗡嗡”声）：清除音频素材中的“嗡嗡”声。

⑨DeNoiser（降噪）：对音频素材进行降噪处理。

⑩延迟：该特技效果用来模拟一个房间的声学环境，即在一个设定的时间后重复声音，以产生回声，模拟声音被远处的平面反射回来的效果。Delay（延迟）参数控制原始声音与回声的时间间隔，从短到长移动滑块将增加时间间隔。Feed back（反作用）设定有多少延时声音被反馈到原始声音中。Mix（混合）参数则在原始音频和效果音之间产生混合。

⑪Dynamics（编辑器）：该特效对音频提供了复杂的控制方法，其对话框的Auto Gate（自动匹配）特技效果可以自动匹配音频；Compressor/Expander（压缩/放大）效果控制最高音与最低音之间的动态范围，既可以压缩也可以扩大。该效果还可以突出强的声音，清除噪声。

⑫EQ（图形均衡）：该特技效果可以较为精确地调整音频的声调。它的工作形式与许多民用类音频设备上的图形均衡器相类似，通过在相应频率段按百分比调整原始声音来实现声调的变化。如果需要更为精确地均衡调整，可以使用Parametric EQ效果。

⑬使用左声道：使用右声道的声音来代替左声道的声音，而左声道的声音被删除。

⑭使用右声道：与填充左声道效果相反。

⑮高通：该特技效果可以将低频部分从声音中滤除。

⑯低通：该特技效果可以将高频部分从声音中滤除。

⑰Multiband Compressor（多频段压缩）：扩展Compressor（压缩）特技效果提供了更多的音域控制。

⑱多功能延迟：多重延迟效果，可以对素材中的原始音频添加多达4次回声。

⑲Pitch Shifter（音调变换）：可以用来调整输入音频信号的音调，可以用来加深高音或低音。

⑳Reverb（混响）：该特技效果可以模拟房间内部的声音情况，能表现出宽阔和传声真实的效果。

㉑参数EQ：该特技效果可以精确地调整声音的音调。它类似于EQ，但调节比较简单。

㉒Spectral Noise Reduction（光谱减少噪声）：使用光谱方式对噪声进行处理。

㉓互换声道：将左、右两个声道的音频信息进行交换。

㉔高音：对素材音频中的高音部分进行处理，可以增强也可以减弱高音部分，同时不影响素材的其他音频部分。

1.3.3 应用实例

1）实训1：音频的淡入与淡出

知识要点：了解音频淡入与淡出的概念与作用，添加关键帧，设置关键帧，制作淡入与淡出效果。

音频的淡入淡出效果是指一段音乐在开始的时候，音量由小渐大直至以正常的音量播放；而在即将结束的时候，音量则由正常逐渐变小，直至消失。这是一种在视频编辑中常用的音频编辑效果。在Premiere Pro CS5.5 中，可以通过添加关键帧来实现音频的淡入与淡出效果。

①启动Premiere Pro CS5.5，新建一个名为“音频的淡入与淡出”的项目文件。

②执行菜单命令“文件”→“导入”，导入本项目素材文件夹内的一段音频素材，双击音频素材，在源监视器窗口取长度为1：16：11，将其添加到“音频1”轨道上，如图1-75所示。

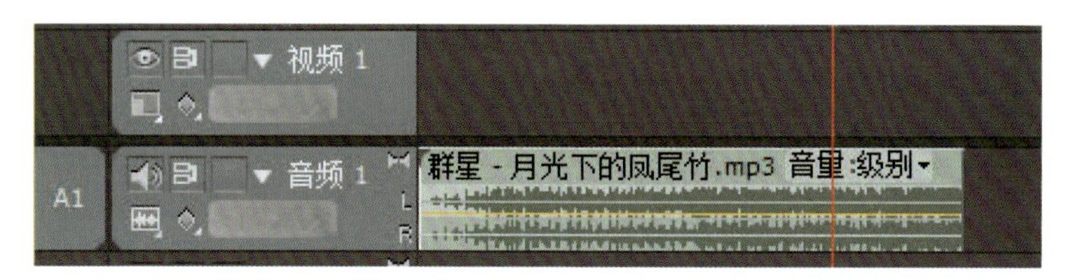

图1-75　添加素材

③单击“显示关键帧”按钮，从弹出的快捷菜单中选择“显示轨道关键帧”菜单项。

④将时间线移到0的位置，单击“添加/删除关键帧”按钮，添加第1个关键帧，如图1-76所示。

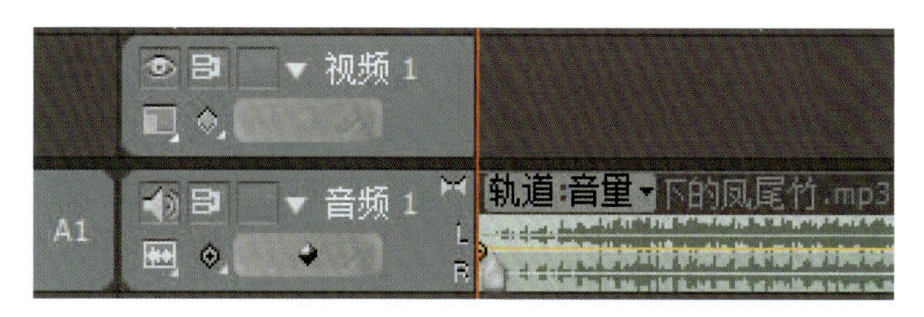

图1-76　添加第1个关键帧

⑤将时间线移到4：00的位置，单击“添加/删除关键帧”按钮，添加第2个关键帧，如图1-77所示。

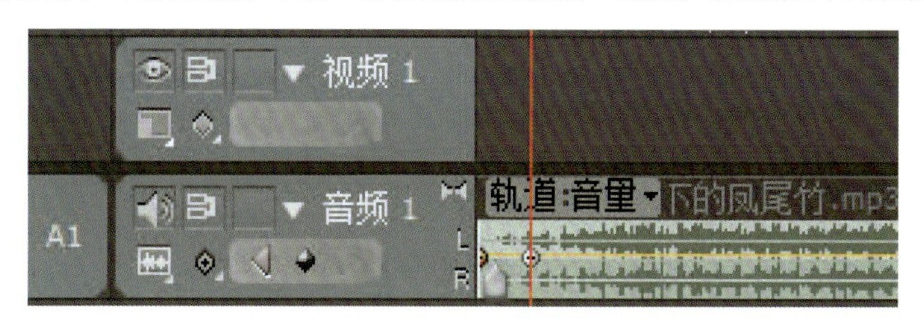

图1-77　添加第2个关键帧

在Premiere Pro CS5.5中，可以随意改变时间线标尺。在时间线窗口中拖动左下角的小三角滑块，可以随意改变时间线标尺，这样可以更加清晰地显示时间线中的素材。

⑥用鼠标选中第1个关键帧并向下拖动，即可设置音频的淡入效果，如图1-78所示。

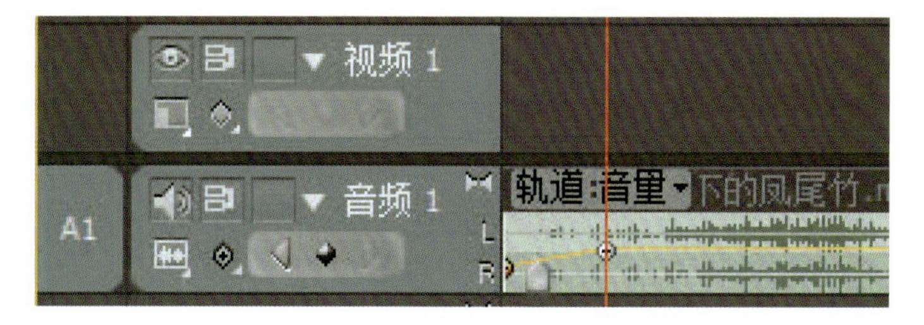

图1-78　拖动关键帧设置音频的淡入效果

⑦将时间线移到1：12：00的位置，单击“添加/删除关键帧”按钮，添加第3个关键帧，如图1-79所示。

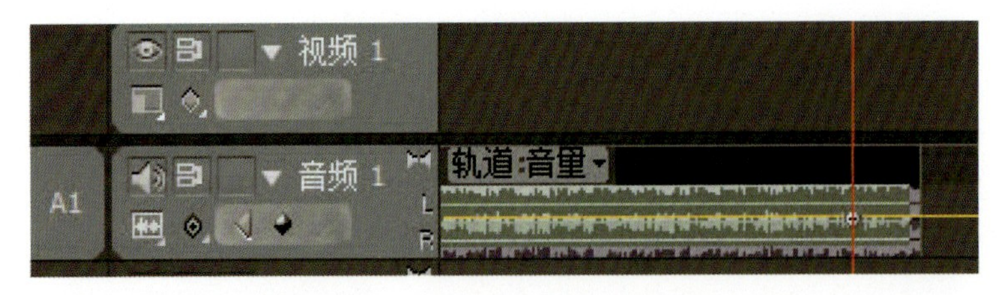

图1-79　添加第3个关键帧

⑧将时间线移到1：16：11的位置，单击“添加/删除关键帧”按钮，添加第4个关键帧，如图1-80所示。

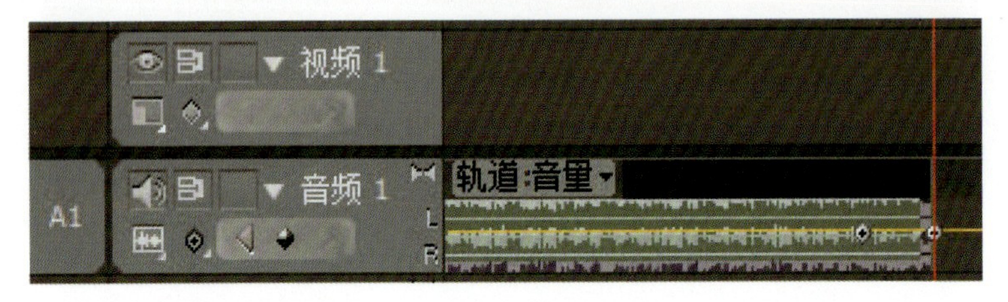

图1-80　添加第4个关键帧

⑨用鼠标选中第4个关键帧并向下拖动，即可设置音频的淡出效果，如图1-81所示。

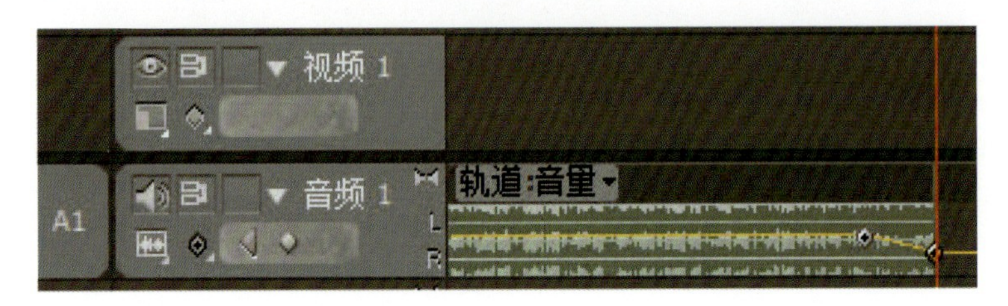

图1-81　拖动关键帧设置音频的淡出效果

⑩单击“播放/停止”按钮，即可试听设置淡入、淡出效果后的音频。

2）实训2：为音频配上完美画面

知识要点：导入音频素材，添加音频素材，导入视频素材，添加视频素材，剪辑音频素材，添加关键帧制作音频淡出效果，群组视频和音频素材。

在Premiere Pro CS5.5中，可以轻松地将一段音频素材配上完美的视觉画面，从而让观众在聆听优美音频的同时欣赏到完美的视觉画面。

①启动Premiere Pro CS5.5，新建一个名为“为音频配上完美画面”的项目文件。

②执行菜单命令“文件”→“导入”，导入一段音频素材。

③在项目窗口中选择导入的音频素材。将其添加到“音频1”轨道上。

④单击“播放/停止”按钮，只能听到优美的音频，而没有视频画面。

⑤执行菜单命令“文件”→“导入”，打开“导入”对话框，选择本项目素材内的“澳大利亚之旅”视频素材。单击“打开”按钮，将所选的视频素材导入到项目窗口中。

⑥在项目窗口中双击“澳大利亚之旅”视频素材，将其在源监视器窗口中打开。

⑦在源监视器窗口选择入点15：33：10及出点15：54：22，将其拖到时间线的“视频”轨道上，与起始位置对齐，如图1-82所示。

⑧用鼠标右键单击“视频2”轨道上的视频素材，从弹出的快捷菜单中选择“解除视音频链接”菜单项，然后将“音频2”轨道上的素材删除，结果如图1-83所示。

⑨在源监视器窗口选择入点10：07：17及出点10：26：13，将其拖到时间线的“视频2”轨道上，与前一片段末尾对齐。

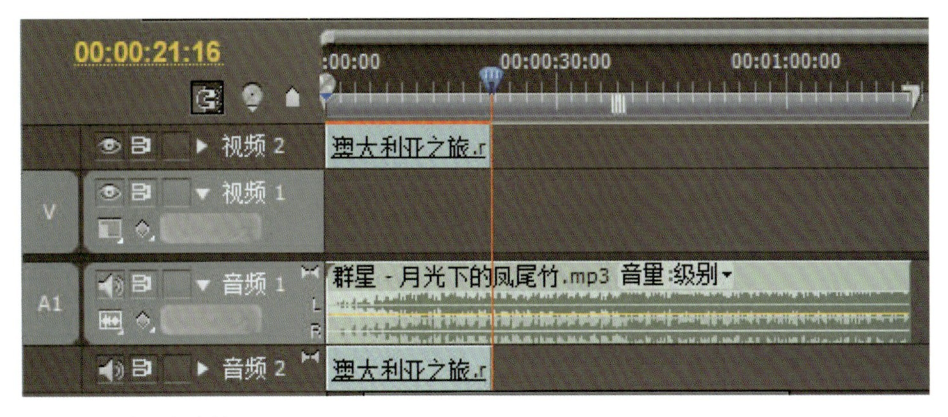

图1-82　添加视频素材

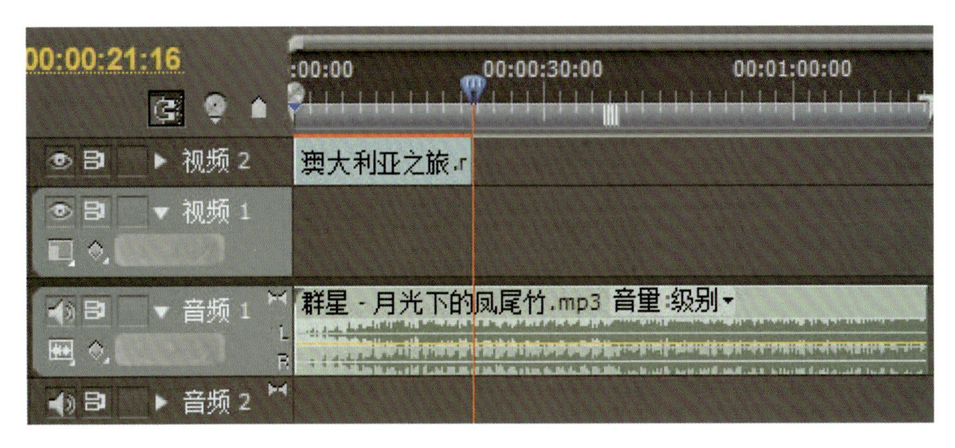

图1-83　删除“音频2”轨道上的素材1

⑩在源监视器窗口选择入点12：28：18及出点12：43：24，将其拖到时间线的“视频2”轨道上，与前一片段末尾对齐。

⑪参照步骤⑧的操作，将素材片段2、片段3执行“解除视音频链接”命令，将“音频2”轨道上的素材删除，结果如图1-84所示。

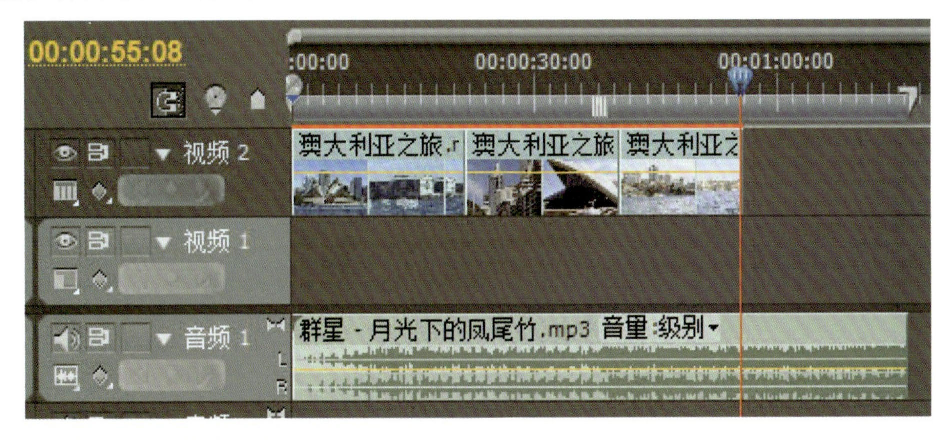

图1-84　删除“音频2”轨道上的素材2

⑫将“视频2”轨道上的素材全部移到“视频1”轨道上，如图1-85所示。

⑬在效果窗口上选择“视频切换”→“叠化”→“交叉叠化”，转场添加到“视频1”轨道上的3个素材之间，如图1-86所示。

⑭双击“视频1”轨道上的片段1、片段2之间的转场，在效果控制台窗口中设置转场的“持续时间”为3s，如图1-87所示。

图1-85　移动视频素材

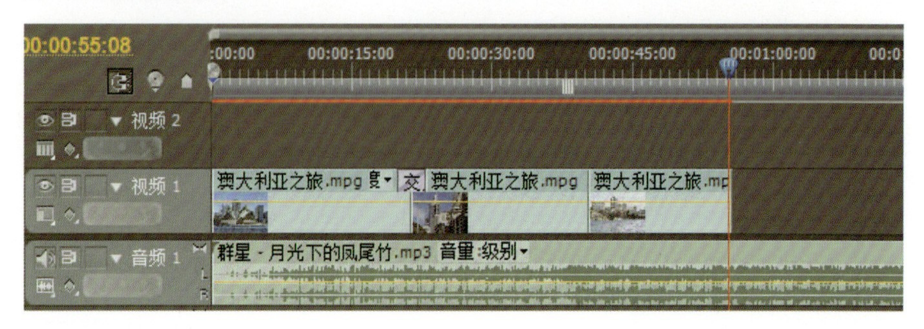

图1-86　设置转场的持续时间

⑮参照步骤⑭的操作，将片段2、片段3之间的转场“持续时间”设置为3 s，结果如图1-88所示。

⑯在工具栏中选择“剃刀工具”，在视频结束的位置单击，将音频剪辑成两段。利用“选择工具”选中剪辑后的音频，按〈Delete〉键将其删除，结果如图1-89所示。

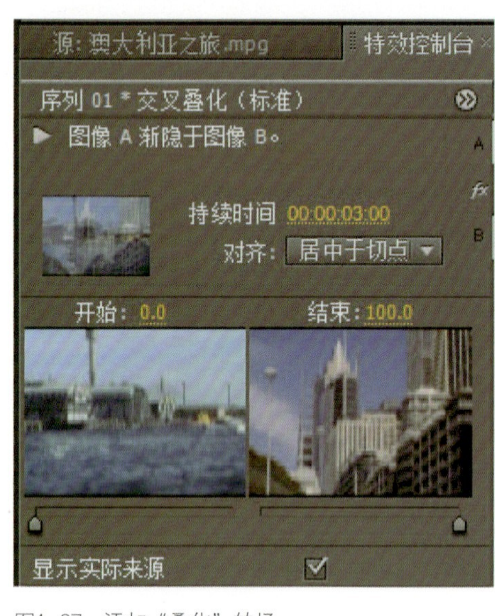

图1-87　添加“叠化”转场

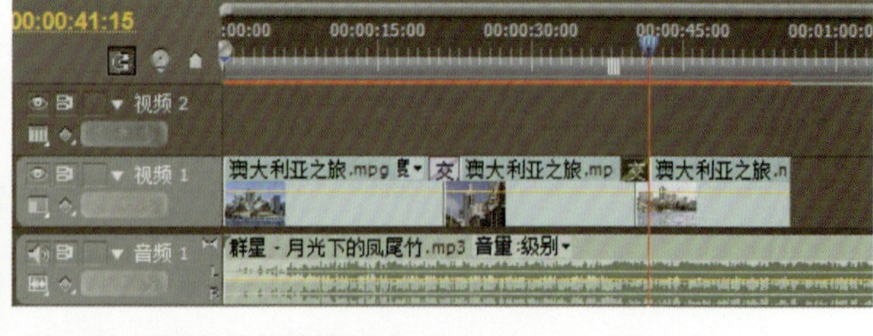

图1-88　设置转场的持续时间

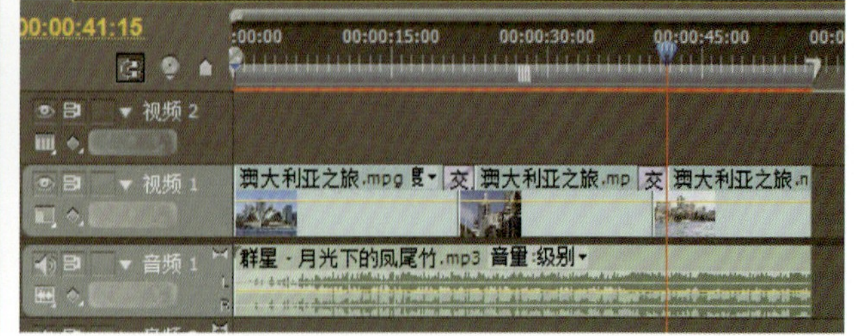

图1-89　删除部分音频素材

⑰选中“音频1”轨道下的音频素材，将时间线移到53：18的位置。

⑱单击“添加/删除关键帧”按钮，添加第1个关键帧，如图1-90所示。

⑲将时间线移到55：16的位置，单击“添加/删除关键帧”按钮，添加第2个关键帧。

⑳用鼠标选中第2个关键帧并向下拖动，为音频制作淡出效果，如图1-91所示。

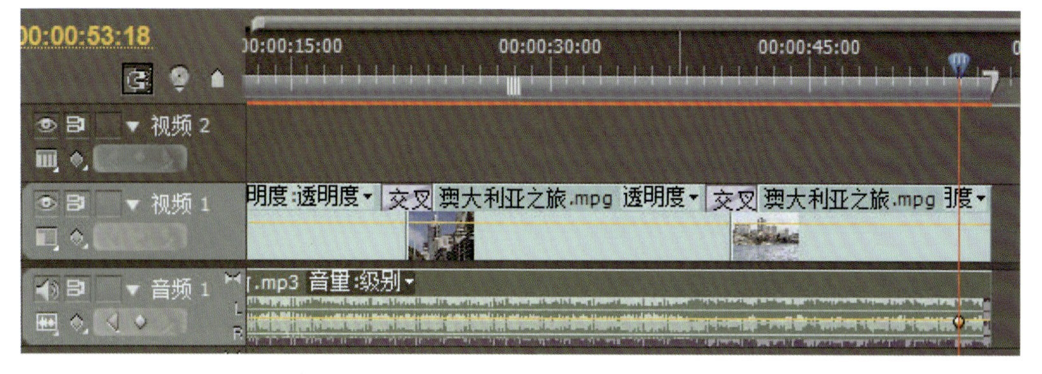

图1-90　添加第1个关键帧

图1-91　制作淡出效果

㉑单击“播放/停止”按钮，试听音频，此时的音频已经具有淡出效果。

㉒执行菜单命令“编辑”→“全选”，将视频轨道和音频轨道上的素材全部选中，单击鼠标右键，从弹出的快捷菜单中选择“编组”菜单项。

㉓执行该命令后，音频轨道上的音频素材和视频轨道上的视频素材将编组在一起，成为一个整体，如图1-92所示。

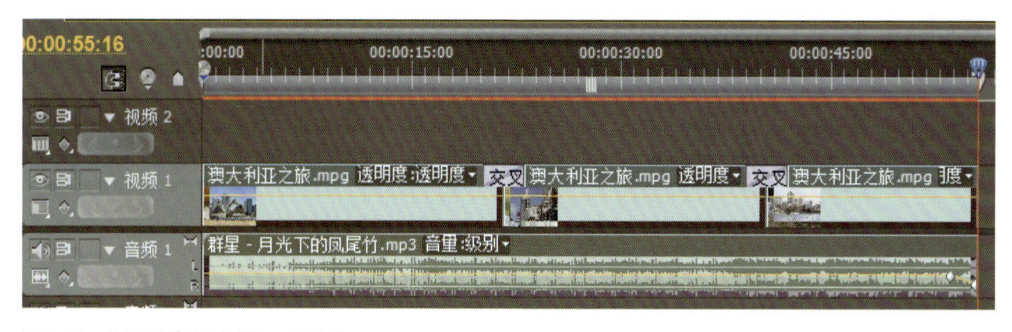

图1-92　编组后的素材成为一个整体

㉔单击“播放/停止”按钮，此时在聆听音乐的同时，在节目监视器窗口可以欣赏到添加的画面效果。

3）实训3：制作双语配音电影

知识要点：添加填充左、右声道特效，添加平衡特效，设置平衡特效，制作双语配音效果。

有些双语版的影片，配音采用普通话和其他语言两种，观众在观看影片的过程中可以采取关闭左声道或右声道的方法收听不同的语言版本，这种双语配音效果在Premiere Pro CS5.5 中也可以轻松实现。

①启动Premiere Pro CS5.5，新建一个名为“制作双语配音电影”的项目文件。

②执行菜单命令“文件”→“导入”，导入本项目“任务1.3素材”文件夹内的“倩女幽魂（国）、（粤）”两段音频素材，如图1-93所示。

③将两个素材分别添加到“音频1”和“音频2”轨道上，如图1-94所示。

④在效果窗口中选择“音频特效”→“使用左声道”/“平衡”特效，添加到“音频1”轨道的素材上。

⑤选择“音频特效”→“使用右声道”/“平衡”特效，添加到“音频2”轨道的素材上，如图1-95所示。

“使用左声道”特效和“使用右声道”特效，仅对具有立体声效果的音频素材起作用。如果所选择的音频素材不是立体声效果，那么还需要添加“平衡”特效并作进一步设置。本例的音频素材不是立体声。

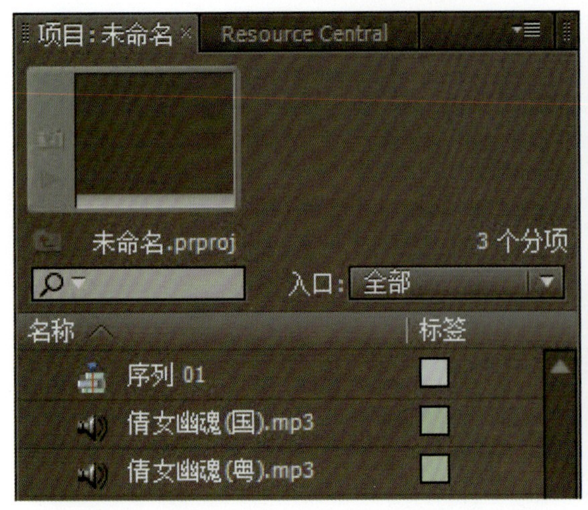

图1-93　导入的音频

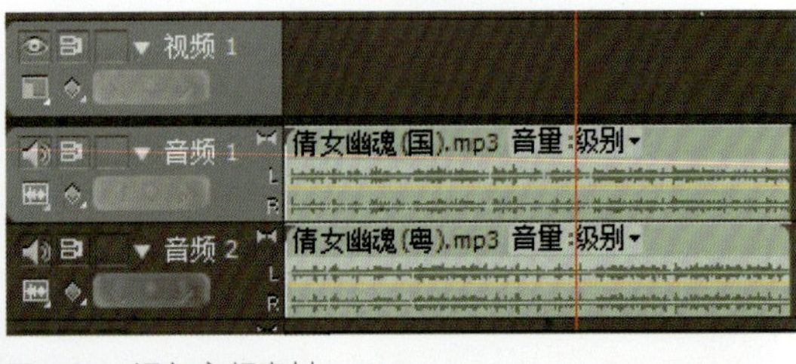

图1-94　添加音频素材

图1-95　添加“使用右声道”特效

⑥选中“音频1”轨道上的素材，在特效控制台窗口中展开“平衡”选项，设置“平衡”参数为-100，如图1-96所示。

⑦选择“音频2”轨道上的素材，在特效控制台窗口中展开“平衡”选项，设置“平衡”参数为100，如图1-97所示。

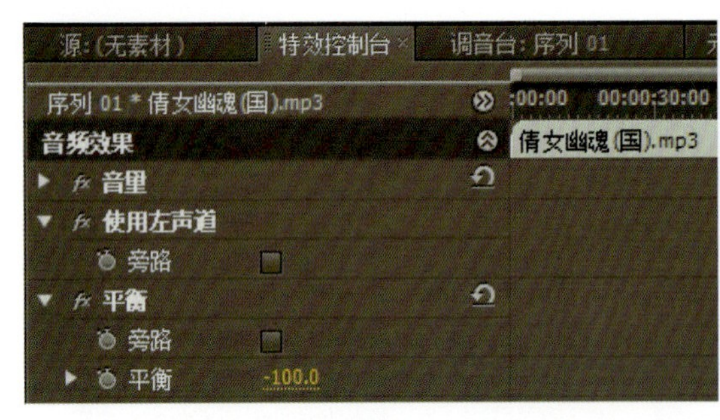

图1-96　设置“平衡”参数1

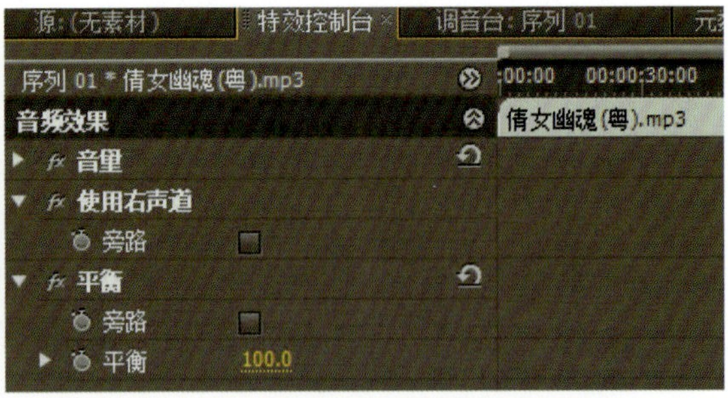

图1-97　设置“平衡”参数2

⑧按〈Ctrl+I〉组合键，打开“导入”对话框，选择本项目素材文件夹内的“澳大利亚之旅”，单击“打开”按钮，在项目窗口导入视频。

图1-98　添加的视频

⑨剪切一段视频素材添加到“视频1”轨道上，如图1-98所示。

⑩单击“播放/停止”按钮，即可试听音频效果。

应用“使用左声道”和“使用右声道”特效，可以使音频分别在左、右声道进行播放。如果选择的配音文件是立体声效果，那么应用这两种特效后无需再作任何设置即可实现左、右声道播放不同的配音。如果选择的配音文件是单声道的，那么应用这两种特效后，还需要添加“平衡”特效，调整音频在单一声道播放，从而实现双语配音效果。

字幕的制作

【问题的情景及实现】

字幕是影视节目中非常重要的视觉元素，一般包括文字、图形两部分。漂亮的字幕设计制作会给影片增色不少，Premiere Pro CS5.5强大的功能使字幕制作产生了质的飞跃。制作好的字幕可以直接叠加到其他片段上显示。

1.4.1 创建字幕

字幕是影片的重要组成部分，起到提示人物和地点的名称等作用，也可作为片头的标题和片尾的滚动字幕。使用Premiere Pro CS5.5的字幕功能可以创建专业级字幕。在字幕中，可使用系统中安装的任何字体创建字幕，也可置入图形或图像作为 Logo。此外，使用字幕内置的各种工具还可以绘制一些简单的图形。

1）字幕

字幕是Premiere Pro CS5.5中生成字幕的主要工具，集成了包括字幕工具、字幕主窗口、字幕属性、字幕动作和字幕样式等相关窗口，其中字幕主窗口提供了主要的绘制区域，如图1-99所示。

图1-99 字幕窗口

当字幕被保存之后，会自动添加到项目窗口的当前文件夹中。字幕作为项目的一部分被保存起来，可以将字幕输出为独立的文件，随时导入。

2）创建新字幕

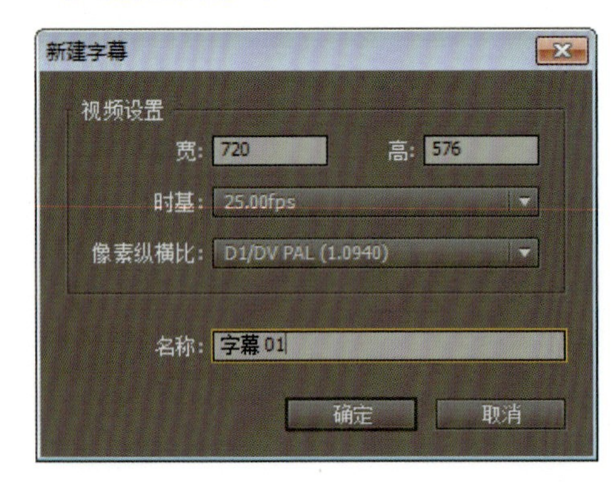

图1-100 “新建字幕”对话框

执行菜单命令“文件”→“新建”→“字幕”或按快捷键〈Ctrl+T〉。执行菜单命令“字幕”→“新建字幕”→“默认静态字幕/默认滚动字幕/默认游动字幕”，选择一种字幕类型。在项目窗口下方，单击“新建分类”按钮，从弹出的快捷菜单中选择“字幕”菜单项。打开“新建字幕”对话框，在“名称”文本框内输入字幕的名称，如图1-100所示。单击“确定”按钮。

打开字幕窗口，在字幕窗口中，使用各种文本工具和绘图工具创建字幕内容。创建完毕，关闭字幕窗口，在保存项目的同时，字幕作为项目的一部分被保存起来，同其他类型素材一样，出现在项目窗口中。

对项目窗口或时间线窗口中的字幕进行双击，再次打开字幕窗口，可以对字幕进行必要的修改。

在项目窗口选择要保存的字幕，执行菜单命令“文件”→“导出”→“字幕”，可以将字幕输出为独立于项目的字幕文件，文件格式为“*.prtl”。可以像导入其他素材一样，将字幕文件随需导入。

3）使用字幕模板

Premiere Pro CS5.5内置了大量的字幕模板，可以更快捷地设计字幕，以满足各种影片或电视节目的制作需求。字幕中可能包含图片和文本，可以根据节目制作的实际需求，对其中的元素进行修改。还可以将自制的字幕存储为模板，随需调用，大大提高了工作效率。

如果要在系统之间共享字幕模板，须保证每个系统中都包含其中所有的字体、纹理、Logo和图片。

执行菜单命令“字幕”→“新建字幕”→“基于模板”，或在字幕窗口处于打开状态下使用菜单命令“字幕”→“模板”，均可以打开“模板”对话框。在“模板”对话框中选择所需的模板类型，右侧会出现此字幕模板的缩略图，如图1-101所示。单击“确定”按钮，即可将模板添加到绘制区域。

图1-101 “模板”对话框

注：将此模板添加到时间线可做成宽银幕影片。

施加了新字幕模板后，模板中的内容会替换掉字幕窗口中的所有内容。

在字幕窗口的绘制区域中，使用各种手段修改模板内容以及排列方式，以满足实际的制作需求，如图1-102所示。

图1-102　模板内容及排列

1.4.2 编辑字幕

Premiere Pro CS5.5内置的字幕提供了丰富的字幕编辑工具与功能，可以满足制作各种字幕的需求，是当前较好的字幕制作工具之一。

1）显示字幕背景画面

在字幕窗口中，可以在绘制区域显示时间线上选择素材的某一帧作为创建叠印字幕的参照，以便精确地调整字幕的位置、颜色、不透明度和阴影等属性。

按下窗口上方的“显示背景视频”按钮，时间指示器所在当前帧的画面便会出现在窗口的绘制区域中，作为背景显示，如图1-103所示。用鼠标拖动窗口上方的时间码，窗口中显示的画面随时间码的变化而显示相应帧。

当移动时间指示器使监视器窗口的当前帧发生变化时，绘制区域显示的视频画面会自动与时间指示器所在位置保持一致。

2）字幕安全区域与动作安全区域

由于电视溢出扫描的技术原因，在计算机中制作的图像有一小部分可能在输出到电视时被切掉。字幕安全区域和动作安全区域是指信号输出到电视时安全可视的部分，是一种参照。

在字幕窗口的绘制区域，内部的白色线框是字幕安全区域，所有的字幕应尽量放到字幕安全区域以内；外面的白色线框是动作安全区域，应把视频画面中的其他的重要元素放在其中。

安全区域的设置仅仅是一种参考，可以根据使用设备的特点更改安全区域的范围。执行菜单命令“项目”→“项目设置”→“常规”，打开“项目设置”对话框，在安全区域的设置部分输入新的数值后，单击“确定”按钮即可，如图1-104所示。

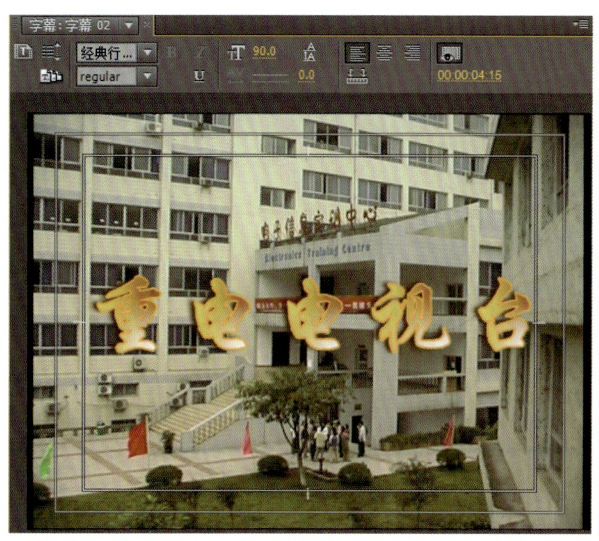

图1-103　显示视频

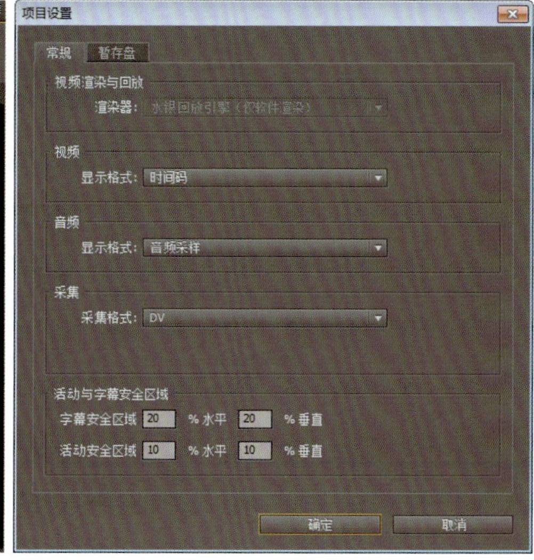

图1-104　字幕、动作安全区域设置

如果制作的节目是用于网络发布的视频流媒体或使用数字介质播出，则无须考虑安全区域，因为输出到此类载体时，不会发生画面残缺的现象。在制作字幕时，可以通过执行菜单命令“字幕”→“查看”→“字幕安全框”和“字幕”→“查看”→“活动安全框”来决定是否显示安全区域。

3）输入文本

字幕内置了6种文本工具，包括文本工具、垂直文本工具、区域文本工具、垂直区域文本工具、路径文本工具和垂直路径文本工具。使用这6种文本工具可以输入对应的文本类型。

（1）输入无框架文本

选择字幕工具栏中的文本工具或垂直文本工具，在绘制区域单击要输入文字的开始点，出现一个闪动光标，随即输入文字。输入完毕，使用选择工具单击文本框外任意一点，结束输入。

（2）输入区域文本

选择字幕工具栏中的区域文本工具或垂直区域文本工具，在绘制区域使用鼠标拖曳的方式绘制文本框。在文本框的开始位置出现一个闪动光标，如图1-105所示，随即输入文字，文字到达文本框边界时自动换行。输入完毕，使用选择工具单击文本框外任意一点，结束输入。

图1-105　输入区域文本

缩放区域文本仅对文本框的尺寸进行缩放，并不影响其中文字的大小。

（3）输入路径文本

选择字幕工具栏中的路径输入工具或垂直路径输入工具，在绘制区域和使用钢笔工具绘制贝塞尔曲线一样，绘制一条路径，用转换定位点工具将曲线变得平滑，如图1-106所示。绘制完毕后，再次选择路径输入工具，单击路径的开始位置并出现一闪动光标，随即输入文字，如图1-107所示。输入完毕，使用选择工具单击文本框外的任意一点，结束输入。

图1-106　路径

图1-107　路径文字

4）格式化文本

Premiere Pro CS5.5字幕的文本处理功能十分强大，可以随意编辑文本，并对文本的字体、字体风格、文本对齐模式以及其他图形风格进行设置。

（1）选择与编辑文本

使用选择工具双击文本中要进行编辑的点，选择工具自动转换为相应的文本工具，插入点出现光标。用鼠标单击字符的间隙或使用左右箭头键，可以移动插入点位置。从插入点拖曳鼠标可以选择单个或连续的字符，被选中的字符高亮显示。可以在插入点继续输入文本，或使用〈Delete〉键删除选中的文本，还可以使用各种手段对选中的文本进行设置。

（2）变换字体

任何时候都可以对文本中使用的字体进行变换。选中要更改字体的文本，单击字幕对话框中“字体”后面的三角形按钮，在弹出的字体列表中选择所需的字体，中文字体在列表的最后面，如图1-108所示。或单击字幕属性窗口中字体属性后面的三角形按钮，在弹出的字体列表中选择所需的字体（图1–109）。

图1–108　字体

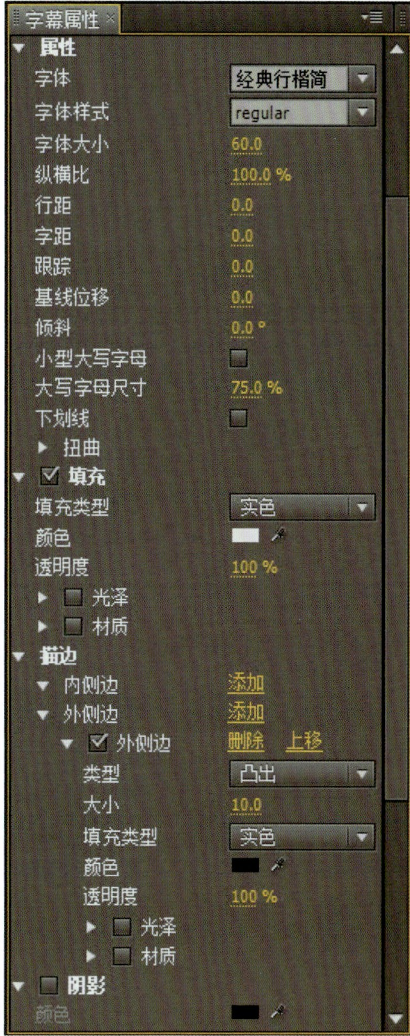

图1–109　字幕属性

（3）改变文本方向

使用不同的文本工具可以输入水平或垂直的文本，还可以根据需要随时对其进行转换。

执行菜单命令“字幕”→“方向”→“水平/垂直”，可以在垂直和水平字幕间进行转换。

（4）设置文本属性

在字幕中选择任何对象，对象的属性（填充色、投影等）会在字幕属性窗口中列出。在窗口中调整数值，可以改变相应对象的属性。文本对象除了与其他对象同样的属性外，还拥有一系列独特的属性，如行距和字距等，如图1–110所示。

字幕属性窗口中并没有完全列出文本的所有属性，字幕菜单中也包含了一些文本属性。

①字体：规定了所选文字的字体类别。

②字体大小：规定了文本字体的尺寸，单位为扫描线。

③纵横比：文本宽度与高度的比值，用于调节文字本身的比例。数值小于100％时，文字瘦长；大于100％时，文字扁宽。

④行距：规定多行文本的行间距离。对于水平文本，是从上一行基线到下一行基线的距离；而对于垂直文本，则是从前一行中心线到下一行中心线的距离。

在默认状态下，基线是紧贴文本底部的一条参考线，使用菜单命令“字幕”→“查看”→“文本基线”，可以在选中文本的时候显示文本的基线。

⑤字距：规定了字符之间的距离。将光标插入到要调节间距的字符之间，或选择要调节的范围，可以通过改变参数调节其字间距。

⑥跟踪：规定了一个范围内字符的间距，跟踪的方向取决于文本的对齐方式。比如，左对齐的文本会以左侧为基准，向右边扩展；居中对齐的文本会以中间为基准，向两边扩展；而右对齐的文本会以右侧为基准，向左边扩展。

⑦基线位移：规定了字符与基线之间的距离。通过调节参数可以使文本上升或下降，从而生成文字上标或下标。

⑧倾斜：规定了文本倾斜的角度。

⑨小型大写字母：规定是否用大写字母代替小写字母进行显示。

⑩小型大写字母尺寸：配合“小型大写字母”功能，规定了以大写字母代替小写字母进行显示的字符的百分比尺寸。

⑪下画线：勾选此项可以在文本下方产生一条下画线。下画线对路径文本无效。

5）处理段落文本

使用字幕可以对段落文本进行处理，包括设置段落对齐和使用制表符等，用以规范段落文本。

设置段落文本对齐方式。段落文本的对齐方式包括左对齐、居中对齐和右对齐3种。

选中要更改对齐方式的段落文本，在字幕窗口上方单击“左对齐”按钮，可以将文本进行左对齐；单击“右对齐”按钮，可以将文本进行右对齐；单击“居中”按钮，可以将文本居中对齐。

6）绘制图形

字幕内置了8种基本图形工具，包括矩形工具、圆角矩形工具、楔形工具、椭圆形工具、切角矩形工具、圆矩形工具、弧形工具和直线工具。此外，还可以使用钢笔工具自由地创建曲线。

（1）绘制基本图形

在工具窗口中选择一种基本图形工具，在绘制区域中用鼠标进行拖曳，可以在拖曳的区域产生相应的图形，如图1-110所示。按住〈Shift〉键进行绘制，可以生成等比例图形；按住〈Alt〉键，可以以绘制的起点为中心进行绘制；按住〈Shift〉键和〈Alt〉键，可以以绘制的起点为中心，绘制出等比例图形。

图1-110　绘制图形

图1-111　变换图形类型

可以使用选择工具通过拖曳图形的控制点，对图形进行缩放。按住〈Shift〉键可以进行等比缩放。

（2）变换图形类型

绘制完图形，还可以对图形的类型进行变换。

选中图形，在字幕属性窗口中属性部分的绘图下拉列表中选择所需的图形类型；还可以用鼠标右键单击图形，从弹出的快捷菜单中选择“绘图类型”，在其子菜单中选择图形类型，如图1-111所示。除了转换为其他基本图形，还可以选择将图形转换为“打开曲线”“关闭曲线”和“填充曲线”。

（3）使用钢笔工具绘制直线段

使用钢笔工具在绘制区域连续单击，可以生成连续的直线段。单击的位置生成控制点，称为锚点，由直线段相连。

在工具窗口中选择钢笔工具。在绘制区域中，将鼠标移到起始点的位置，单击鼠标，然后将鼠标移动到新的位置再次单击，会在两点之间创建直线段。按住〈Shift〉键进行单击，可以沿45°绘制线段。继续单击，会生成连续的直线段。

在定义下一个锚点之前，当前锚点保持选中状态。

使用以下两种方法可以以不同的方式结束绘制。

①将鼠标再次移动到绘制的起始点位置，当钢笔工具旁边出现一个小圆圈时，单击鼠标，将当前开放的直线段进行闭合。

②按住〈Ctrl〉键，单击鼠标，或在工具窗口中选择不同的工具，可以保持当前路径处于开放状态。

（4）使用钢笔工具绘制曲线

使用钢笔工具在绘制区域单击鼠标，同时拖动鼠标，可以生成曲线。单击的位置生成带有控制线的锚点，控制线的端点称为控制点。控制线与所绘曲线相切，其角度和长度决定了曲线的方向和曲度，控制线越长，曲线曲度越大。

在工具窗口中选择钢笔工具。在绘制区域中，将鼠标移到起始点的位置，单击并拖动鼠标，沿着鼠标拖动的方向会生成一条以锚点为中心、以两个控制点为终点的控制线，以控制线来控制曲线的方向和曲度。按住〈Shift〉键拖曳控制线，可以以45°的倍数对控制线的角度进行设置。释放鼠标，将鼠标移动到新的位置再次单击并拖动，同样以控制线来控制曲线的方向和曲度，会在两点之间创建曲线。不同的拖曳方向可以生成不同形状的曲线，如果拖曳方向与创建上一个锚点时的拖曳方向相反，则可以生成C形曲线；而如果拖曳方向与创建上一个锚点时的拖曳方向相同，则可以生成S形曲线。继续单击，会生成连续的曲线段。

结束曲线绘制的方法与结束直线段绘制的方式相同。

（5）调整锚点和曲线

使用字幕内置的调整锚点工具可以对现有的路径进行调整，可以为路径添加、删除锚点或移动控制点，以操纵控制线来调节曲线的形状。

选择路径，使用添加锚点工具在曲线上的目标位置单击，可以在此位置添加一个锚点。如果在单击鼠标的同时拖动鼠标，可以将新增的锚点移动到所需的位置。

选择包含锚点的路径，使用删除锚点工具在曲线上的目标锚点位置单击，可以删除该锚点。

选择包含控制点的路径，使用钢笔工具，将其放在目标锚点上。当鼠标变成带有方块的箭头形状时，单击鼠标并拖动鼠标，可以将锚点移动到所需的位置，以此对路径的形状进行调节。

选择要进行编辑的路径，使用转换锚点工具，将其放置在目标锚点上。如果此锚点不具有控制线，单击锚点并进行拖动，可以沿拖曳的方向生成控制线，从而将带有角点的折线转化为平滑曲线；如果此锚点具有控制线，单击锚点，可以将控制线删除，从而将平滑曲线转化为带有角点的折线。

当使用的钢笔工具处于目标锚点上方时，按住〈Alt〉键，可以将其暂时变为转换锚点工具。

选择要进行编辑的路径，使用钢笔工具拖曳路径片段，可以很容易地改变此曲线段的曲度。

（6）设置路径选项

使用钢笔工具可以创建开放或闭合的路径。对于已经创建的路径，不但可以设置其宽度，还可以设置其端点和转角的形式。

选择一条开放或闭合的路径，在字幕属性窗口中可以设置线宽、大写字母类型、连接类型和斜交叉限制等属性，如图1-112所示。

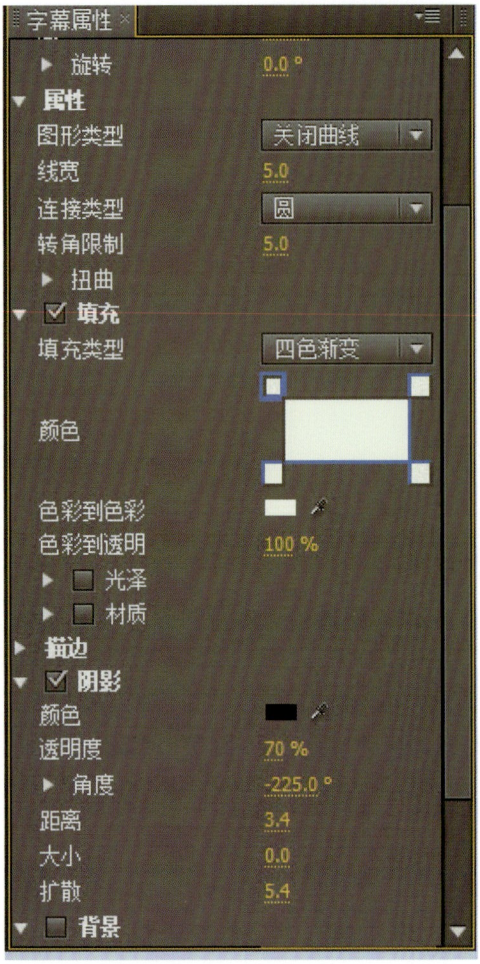

图1-112　设置路径选项

①线宽：规定了路径线条的宽度，单位为像素。

②大写字母类型：规定了路径端点的显示类型。选择“菱形”可以使路径具有方形端点；选择“圆形”可以使路径具有半圆形端点；而选择“矩形”不但使路径具有方形端点，而且端点会拓展半个线宽。

③连接类型：规定了路径片段的连接方式。选择“斜交叉”可以使连接点为尖角，选择“圆形”可以使连接点为圆角，选择“斜角边”可以使连接点为方角。

④转角限制：规定了连接类型由“斜交叉”自动转换为“斜角边”的限度。默认值为5，意思是当尖角的长度5倍于线宽时，转角类型由“斜交叉”自动转换为“斜角边”。

以上4个选项仅对由钢笔工具和直线工具创建的图形有效。

7）插入标记（Logo）

在制作影片或电视节目的过程中，经常需要在其中插入图片作为标志。字幕提供了这一功能，且支持插入位图和矢量图，能将插入的矢量图自动转化为位图。既可以将插入的图片作为字幕中的图形元素，又可以将其插入到文本框中，作为文本的一部分。

在字幕中插入了“标记”，可以像更改其他对象属性一样，对其各种属性进行更改，且可以随时将其恢复为初始状态。

执行菜单命令“字幕”→“标记”→“插入标记”，在磁盘空间中选择一个图片文件并打开，即可在字幕中插入标记，如图1-113所示。使用选择工具将“标记”放置到合适的位置，调整其属性。

如果“标记”文件含有透明信息，插入后将继续保持。

选择文字工具，在文本中需要插入“标记”的地方单击，执行菜单命令“字幕”→“标志”→“插入标记到文字”，可以在文本的字符之间插入“标记”，如图1-114所示。在对插入“标记”的文本进行整体修改的时候，其中的“标记”也会像其他字符一样受到影响。

图1-113　插入标志

图1-114　插入标记到正文

8）对象的排列、对齐与分布

（1）改变对象的叠加顺序

默认状态下，当创建叠加对象时，其叠加顺序取决于绘制的先后顺序，先生成的对象在下方。此时，可以对它们的叠加顺序进行调节，以获得期望的外观。

执行菜单命令“字幕”→“排列”→“放到最上层/上移一层/下移一层/放到最底层”，可以将所选对象移动到最前面，或者向前移动一个对象，或者向后移动一个对象，或者移动到最后面。例如，如果选中对象A，执行菜单命令“字幕”→“排列”→“放到最上层”，可以将对象A移动至所有对象之上。

如果堆叠的对象比较密集，则使用鼠标选择其中的对象比较难，可以配合菜单命令“字幕”→“选择”及其子菜单选择对象。

（2）对齐、居中与分布

“字幕动作”窗口中内置了排列、居中与分布按钮，如图 1-115所示。可以在绘制区域中对各个要素进行水平或垂直的对齐、居中或等距分布。

选中两个或两个以上对象，在“字幕动作”窗口的“对齐”部分单击按钮，可以设置其对齐方式，其中包括水平靠左、水平居中、水平靠右、垂直靠上、垂直居中和垂直靠下；选中一个或多个对象，在“居中”部分单击按钮，可以将其以不同的方式放置在绘制区域的中央，其中包括垂直居中和水平居中；而选中3个或3个以上对象，在“分布”部分单击按钮，可以设置其等距分布的方式，其中包括水平靠左、水平居中、水平靠右和水平等距间隔，以及垂直靠上、垂直居中、垂直靠下和垂直等距间隔。

执行菜单命令“字幕”→“选择”→“水平居中/垂直居中/下方三分之一处”，可以将选中对象进行水平居中、垂直居中或置于垂直方向上接近底部的1/3处。

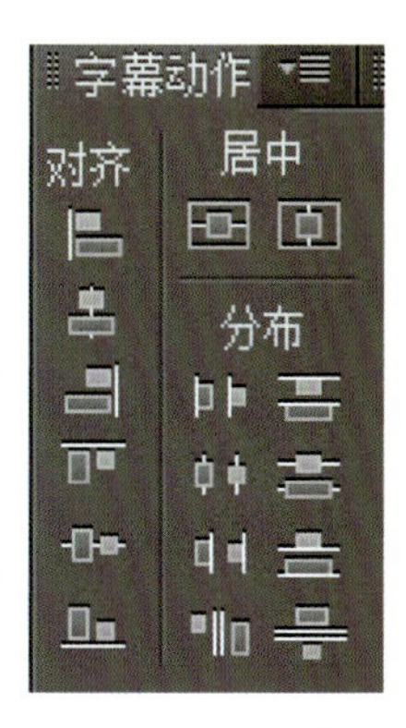

图1-115 “字幕动作”窗口

9）转换对象

对象被创建后，具有很高的可调节性，可以任意调节其位置、旋转角度、比例和不透明度。要转换对象属性，既可以在绘制区域进行拖曳，又可以使用字幕菜单命令，还可以在字幕属性窗口中进行相关控制。

（1）调节对象不透明度

选择一个或多个对象，使用如下方法可以调节其不透明度。

①在字幕属性窗口的“填充”栏中，调节“不透明度”数值。

②执行菜单命令“字幕”→“变换”→“透明度”，打开“透明度”对话框，在其中输入数值，如图1-116所示。

（2）调节对象位置

选择一个对象，或按住〈Shift〉键选择多个对象，使用如下的方法可以调节其位置。

①在绘制区域，拖曳所选对象到新的位置。

②在字幕属性窗口的“变换”栏中，调节“X轴位置”和“Y轴位置”的数值。

③执行菜单命令“字幕”→“变换”→“位置”，打开“位置”对话框，在其中输入“X位置”和“Y位置”的数值，如图1-117所示。

图1-116 “透明度”对话框

图1-117 “位置”对话框

④使用箭头键以像素为单位，将对象进行轻移；或按住〈Shift〉键的同时用箭头键以5像素为单位，将对象进行轻移。

（3）缩放对象比例

选择一个对象，或按住〈Shift〉键选择多个对象，使用如下方法可以缩放其比例。

①在绘制区域，拖曳所选对象框边角上的锚点，可以以不同的基准和方式对其进行缩放：按住〈Shift〉键可以进行等比缩放，按住〈Alt〉键可以以对象的中心为基准进行缩放。

如果使用拖曳锚点的方式对使用文本工具或垂直文本工具所创建的文本进行缩放会改变其字号，如果进行非等比缩放，则每个文字的宽高比会发生相应的变化；而对使用区域文本工具或垂直区域文本工具所创建的文本进行缩放，仅改变文本框的尺寸，文字的字号和宽高比不变。

②在字幕属性窗口的“变换”栏中，调节“宽”和“高”的数值。

③执行菜单命令“字幕”→“变换”→“缩放”，打开“比例”对话框。如果进行等比缩放，单击选中“一致”，在“比例”后面输入缩放的百分比；而如果进行非等比缩放，单击选中“不一致”，在“水平”和“垂直”后面分别输入横向和纵向的缩放百分比，如图1-118所示。

（4）改变对象的旋转角度

选择一个对象，或按住〈Shift〉键选择多个对象，使用如下方法可以改变其旋转角度。

①在绘制区域，将鼠标放在对象角点外侧，当鼠标变为旋转图标时，向要更改角度的方向进行拖曳，按住〈Shift〉键可以以45°的变化量改变其角度。

②使用旋转工具，向要更改角度的方向进行拖曳。

③在字幕属性窗口的“变换”中，调节“旋转”的角度值。

④执行菜单命令“字幕”→“变换”→“旋转”，打开“旋转”对话框，在其中输入要旋转的角度值，如图1-119所示。正值为顺时针旋转，负值为逆时针旋转。

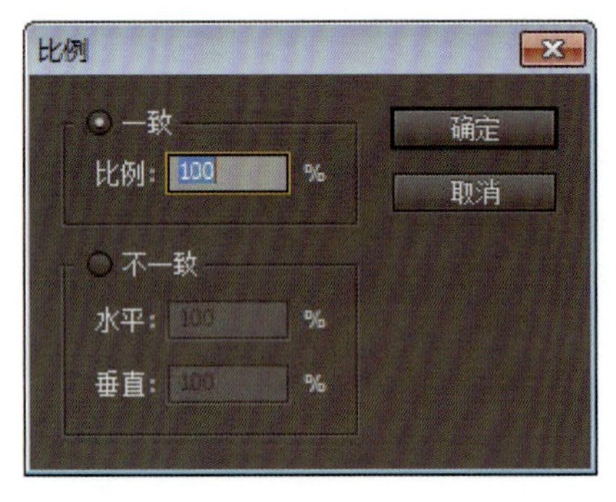

图1-118　“比例”对话框

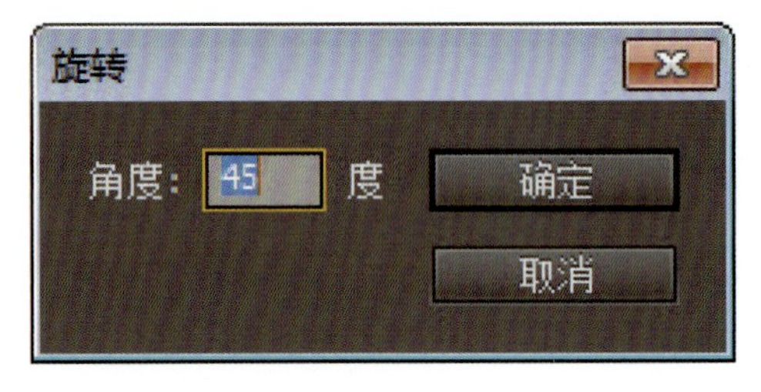

图1-119　“旋转”对话框

10）设置对象属性

在字幕中，可以为每个或每组对象施加自定义属性，其中包括填充、描边和阴影，如图1-120所示。可以将设置好的属性组合存储为“样式”。设置好的样式出现在“字幕样式”窗口中，随需调用。

（1）设置对象填充色

对象的填充属性决定了图形或文本对象边线内部区域的颜色等，可以在字幕属性窗口中通过设置多个选项来调节选中对象的填充属性。

如果为对象添加了边线，则边线也具有填充色。

选中要更改填充色的对象，在字幕属性窗口中单击“填充”左边的三角形，展开填充属性，设置以下选项。

①填充类型：规定了颜色填充方式，其中包括实色、线性渐变、放射渐变、4色渐变、斜角边、消除和残像。可以在“填充类型”下拉列表中进行选择，不同的填充方式对应不同的选项组合。

②色彩：规定了填充的颜色。单击色块可以打开“颜色拾取”窗口，在其中选择所需颜色，还可以单击其后的“吸管”按钮，使用吸管工具任意选择屏幕中的一种颜色。颜色选项会随着填充类型的变化

图1-120　设置对象属性

而变换形式。

③透明度：规定了填充色的透明度，以百分比表示，从0（完全透明）到100％（完全不透明）。

④光泽：可以在对象的表面添加一条彩条，可以设置彩条的相关属性。

⑤纹理：可以使用图片文件进行贴图，需要在磁盘空间中选择要设置为贴图的文件。

（2）添加描边

对象的描边即对象的轮廓，可以在预添加的描边类型后面单击“添加”按钮。“内侧边”为内边线，而“外侧边”为外边线。可通过设置多个选项来调节边线的属性。除设置边线宽度外，其余设置与填充色基本相同。

（3）添加阴影

勾选“阴影”，可以为对象施加投影，激活其投影选项，以对投影的各个属性进行设置。

1.4.3　应用实例

1）实例1：创建垂直滚动字幕

知识要点：利用“滚动/游动选项”窗口参数的设置，制作垂直滚动字幕。

根据滚动的方向不同，滚动字幕分为纵向滚动（Rolling）字幕和横向滚动（Crawling）字幕。本节将通过案例，讲解如何在Adobe字幕窗口中创建影片或电视节目结束时的纵向滚动字幕，深入体会其制作方法。

①执行菜单命令“字幕”→“新建字幕”→“默认滚动字幕”，在“新建字幕”对话框中输入字幕名称，单击“确定”按钮，打开字幕窗口，自动设置为纵向滚动字幕。

②使用文字工具输入演职人员名单，插入赞助商的标志，输入其他相关内容，如图1-121所示。

③输入完演职人员名单后，按〈Enter〉键，拖动垂直滑块，将文字上移出屏幕为止。单击字幕设计窗口合适的位置，输入单位名称及日期，如图1-122所示。

④执行菜单命令“字幕”→“滚动/游动选项”或单击字幕窗口上方的“滚动/游动选项”按钮，打开“滚动/游动选项”对话框。在对话框中勾选“开始于屏幕外”，使字幕从屏幕外滚动进入。

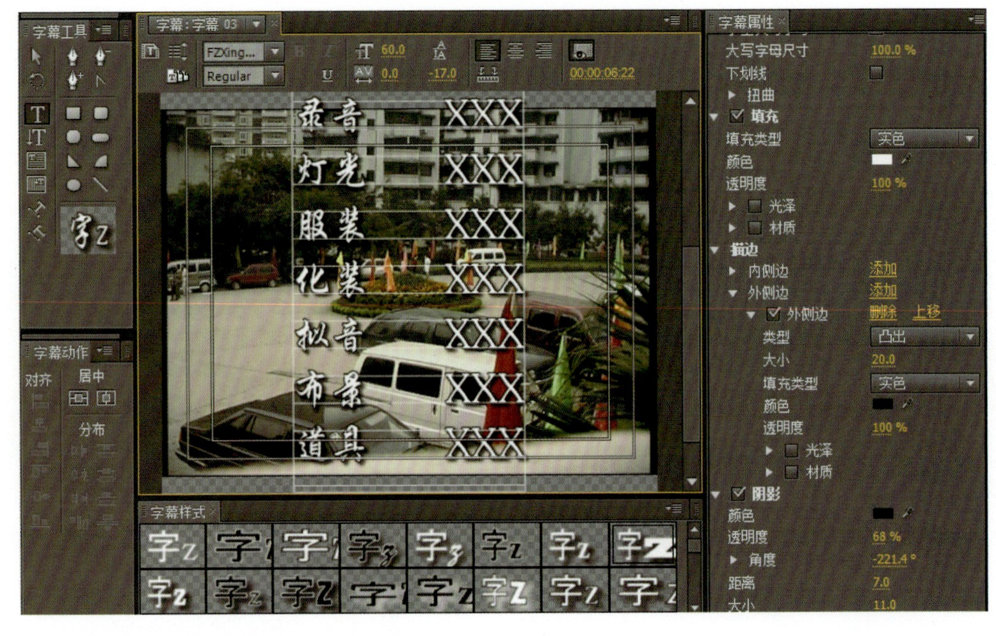

图1-121　输入演职人员名单

“过卷”：滚屏停止后，静止的帧数。

设置完毕后，单击“确定”按钮即可，如图1-123所示。

图1-122　输入单位名称及日期

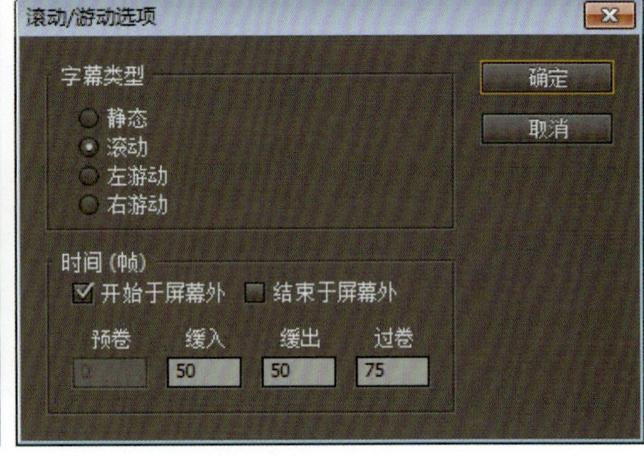

图1-123　滚动字幕设置

可以在“缓入”和“缓出”中分别设置字幕由静止状态加速到正常速度的帧数，以及字幕由正常速度减速到静止状态的帧数，平滑字幕的运动效果。

⑤关闭字幕设置窗口，拖放到时间线窗口中的相应位置，预览其播放速度，调整其延续时间，完成最终效果。

2）实例2：水中倒影字幕效果

在字幕编辑窗口中输入并设置文字属性后，为文字添加垂直翻转特效，制作倒影效果。然后，为文字添加波浪特效、快速模糊特效。通过设置相关参数，可以使倒影效果更加自然、逼真，从而制作出水中倒影字幕效果。

知识要点：制作辉光描边文字，添加垂直翻转特效，添加波浪特效，添加快速模糊特效，设置波浪特效参数，设置快速模糊特效参数。

①启动Premiere Pro CS5.5，新建一个名为“水中倒影字幕效果”的项目文件。

②按〈Ctrl+I〉组合键，导入本项目素材文件夹内的“图像1.jpg”，如图1-124所示。

③在项目窗口中选择本项目素材文件夹中“图像1”，将其添加到“视频1”轨道上，用鼠标右键单击添加的“图像1”，从弹出的快捷菜单中选择“适配为当前图画大小”菜单项。在特效控制台窗口中展开“运动”选项，取消“等比缩放”复选框，设置参数如图1-125所示，将“图像1”调整到全屏状态。

图1-124 素材

图1-125 将素材调整到全屏状态

④按〈Ctrl+T〉组合键，弹出“新建字幕”对话框，在该对话框中的“名称”文本框中输入“泸沽湖风光”，单击“确定”按钮，进入字幕编辑窗口。

⑤利用文本工具在字幕编辑窗口中输入“泸沽湖风光”，设置文字字体为“行楷”，字的大小为108。

⑥选中输入的文字，在“字幕属性”选项区中展开“填充”选项，设置“填充类型”为实色，设置“色彩”为青黄色（57F527），效果如图1-126所示。

⑦选中输入的文字，在“填充”选项下展开“光泽”选项，设置“角度”为329。

⑧选中输入的文字，在“字幕属性”选项区中展开“描边”选项，单击“外侧边”右侧的“添加”字样，展开该选项，设置“填充类型”为实色，“色彩”为红色（F728A0），设置“类型”为深度，“大小”为25，勾选“阴影”复选框，如图1-127所示。

图1-126 填充颜色后的文字效果

图1-127 文字描边效果

⑨关闭字幕编辑窗口，返回到Premiere Pro CS5.5的工作界面。

⑩在项目窗口中选择字幕“泸沽湖风光”，将其添加到“视频2”轨道上，如图1-128所示。

⑪选中“视频2”轨道上的字幕，在特效控制窗口中展开“运动”选项，设置“位置”值为（360，252）。

⑫在项目窗口中再次选择字幕“泸沽湖风光”，将其添加到“视频3”轨道上。

⑬在效果窗口中选择“视频特效”→“变换”→“垂直翻转”特效，添加到“视频3”轨道的字幕文件上。此时该素材下方会出现一条绿色的直线，而且“视频3”轨道上的字幕已经垂直翻转。

⑭选中“视频3”轨道上的字幕文件，在特效控制窗口中展开“运动”选项，设置“位置”值为（360，360），调整字幕的位置，如图1-129所示。

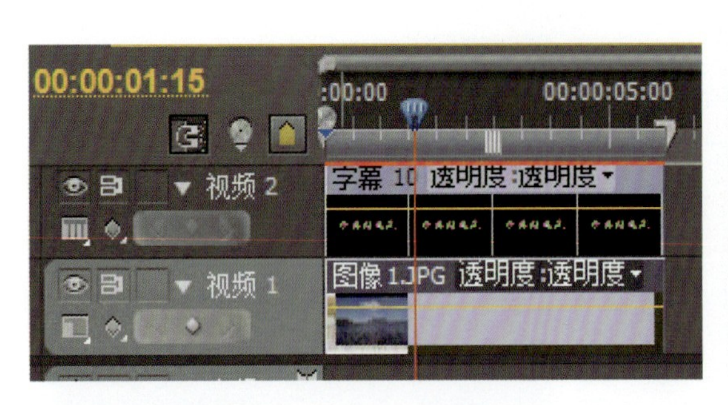

图1-128　添加字幕

图1-129　调整字幕位置

图1-130　添加“波形弯曲”特效

⑮在效果窗口中选择“视频特效”→“扭曲”→“波形弯曲”特效，添加到“视频3”轨道的字幕文件上。此时，“视频3”轨道上的字幕已经具有了波浪效果，如图1-130所示。

⑯在效果窗口中选择“视频特效”→“模糊 & 锐化”→“快速模糊”特效，将其添加到“视频3”轨道的字幕文件上。

⑰选中“视频3”轨道上的字幕文件，在特效控制窗口中为“波形弯曲”和“快速模糊”选项的“波形类型”“波形高度”“波形宽度”“方向”“波形速度”“固定”“相位”“模糊量”和“模糊方向”，在0 s、2 s和4 s处添加3组关键帧，其参数分别为（正弦，15，40，90°，1，无，0，6，水平与垂直）、（平滑杂波，20，59，86°，2，垂直边缘，3，4，水平）和（正弦，10，42，39，1，居中，1，0，水平与垂直），如图1-131所示。

⑱单击“播放/停止”按钮，字幕效果如图1-132所示。

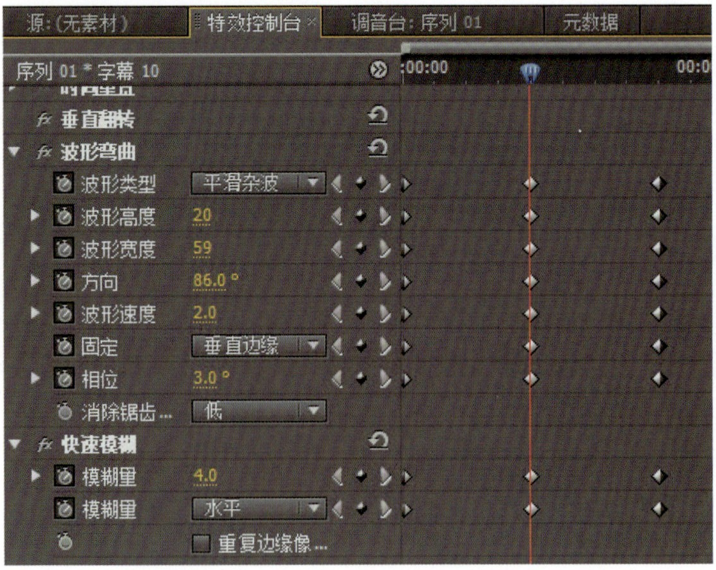

源:(无素材)　特效控制台　调音台: 序列 01　元数据
序列 01 * 字幕 10　:00:00　00:0
垂直翻转
波形弯曲
波形类型　平滑杂波
波形高度　20
波形宽度　59
方向　86.0°
波形速度　2.0
固定　垂直边缘
相位　3.0°
消除锯齿...　低
快速模糊
模糊量　4.0
模糊量　水平
重复边缘像...

图1-131　添加3组关键帧

图1-132　水中倒影的字幕效果

3）实例3：卷轴字幕效果

在字幕编辑窗口中插入一幅标志图像，设置文字属性，通过添加卷页转场，可以制作卷轴字幕效果。

知识要点：安装Shine插件，新建彩色条，插入标志图像添加字幕，添加滚动卷页转场及发光特效。

①双击Trapcode Suite 11 SN图标，打开“Trapcode Suite 11 SN记事本”对话框，复制“Trapcode Shine”注册码。

②双击Trapcode Suite 11.0.3 64-bit安装图标，启动“Shine Install Shield Wizard”对话框，单击“Next”按钮。

③打开“license Agreement”对话框，单击“Yes”按钮，打开“Red Giant Software Registration”对话框，将“Trapcode Shine”粘贴到Serial后的文本框内，如图1-133所示，单击“Submit”→“确定”→“Next”按钮。

④打开“Select Host Applications”对话框，选择“Trapcode Suite for Premiere Pro CS5.5”，如图1-134所示。单击“Next”按钮。

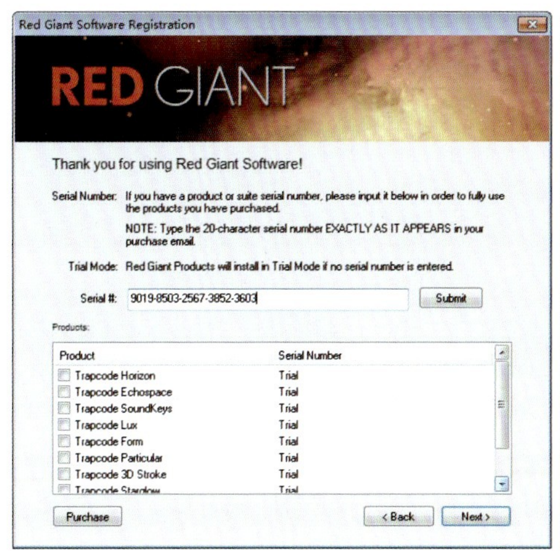

图1-133　添加注册码

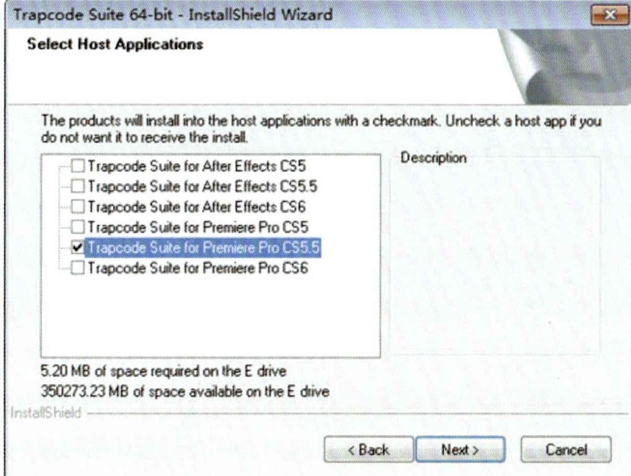

图1-134　选择安装软件

打开“Ready to Install Trapcode Suite 64-bit 11.03”对话框，单击“Install”按钮，开始安装。

⑤打开“Install Shield Wizard Complete”对话框，单击“Finish”按钮，完成Shine插件的安装。

⑥启动Premiere Pro CS5.5，新建一个名为“卷轴字幕效果”的项目文件。

⑦执行菜单命令“文件”→“新建”→“彩条蒙版”，打开“新建彩色蒙版”对话框，单击“确定”按钮，打开“颜色拾取”对话框，在该对话框中选择黄色（E8E83A），如图1-135所示。单击“确定”按钮。

⑧打开“选择名称”对话框，在文本框中输入名称“底色”，如图1-136所示。单击“确定”按钮。

⑨新建的“底色”会自动导入到项目窗口中，在项目窗口中选择“底色”，将其添加到“视频1”轨道上。

⑩按〈Ctrl+T〉组合键，打开“新建字幕”对话框，在该对话框的“名称”文本框中输入“文字”，单击“确定”按钮，进入字幕编辑窗口。

⑪在字幕编辑器中单击鼠标右键，从弹出的快捷菜单中选择“标记”→“插入标记”命令，打开“导入图像为标记”对话框，选择本项目素材文件夹中的“图像2.jpg”。

⑫单击“打开”按钮，将所选的图像插入到字幕编辑器中。

⑬选中插入的图像，用鼠标拖动控制柄，调整图像的大小，将底色显示出来，如图1-137所示。利用垂直文本工具，在字幕编辑器窗口中输入需要的文字（向晚意不适，驱车登古原，夕阳无限好，只是近黄昏。）。设置“字体”为行楷，字体大小为52，行距为60，字距为15。

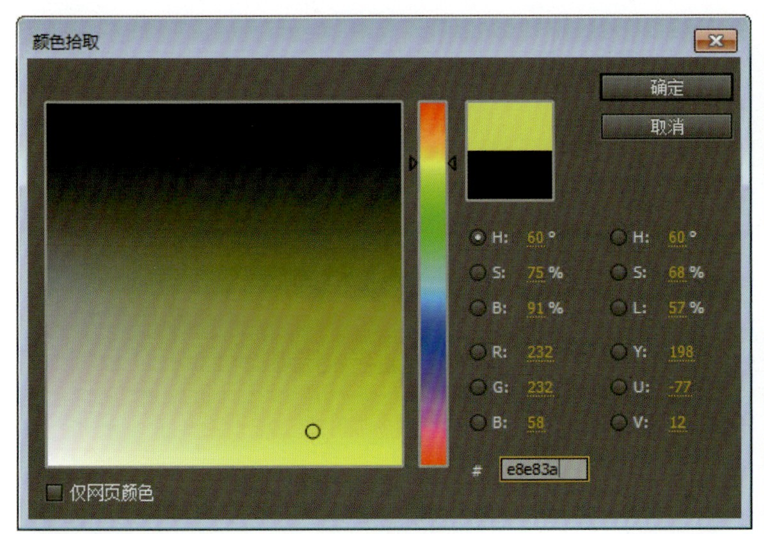

图1-135 “颜色拾取”对话框

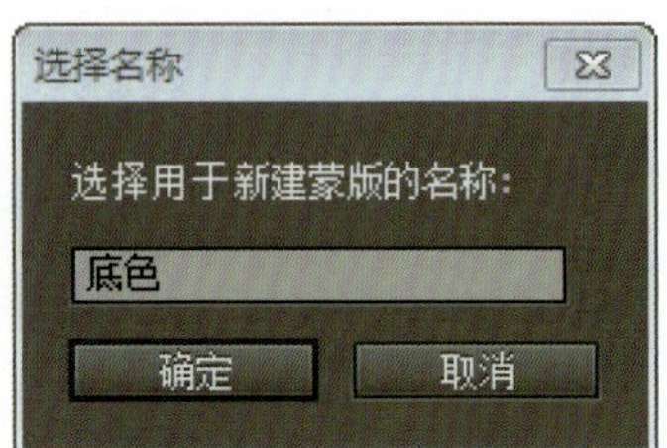

图1-136 “选择名称”对话框

图1-137 调整图像的大小

图1-138 输入文字

⑭选中输入的文字，在“字幕属性”选项区中展开“填充”选项，填充类型为实色。单击“色彩”右侧的颜色框，在弹出的“色彩”对话框中选择浅蓝色（30F2F2），单击“确定”按钮。

⑮选中输入的文字，在“字幕属性”选项区中展开“描边”选项，单击“外侧边”右侧的“添加”字样。展开该选项，设置“填充类型”为实色，“色彩”为黑色，设置“类型”为深度，“大小”值为25，勾选“阴影”复选框，如图1-138所示。关闭字幕编辑窗口，返回到Premiere Pro CS5.5的工作界面。

⑯在项目窗口中选择字幕文件“文字”，将其添加到“视频2”轨道上，如图1-139所示。在效果窗口中选择“视频切换”→“卷页”→“卷走”，添加到“视频2”轨道的“文字”上，如图1-140所示。

⑰双击添加的转场，在特效控制台窗口中调整转场的“持续时间”为4：00，如图1-141所示。

⑱单击“播放/停止”按钮，观看字幕效果。

⑲在特效控制台窗口中，选中“反转”复选框，如图1-142所示。

⑳在效果窗口中选择“视频效果”→“Trapcode”→“Shine”特效，添加到“视频2”轨道的“文字”上，“Transfer Mod”为Add，其余参数不变，如图1-143所示。

㉑单击“播放/停止”按钮，观看字幕效果，如图1-144所示。

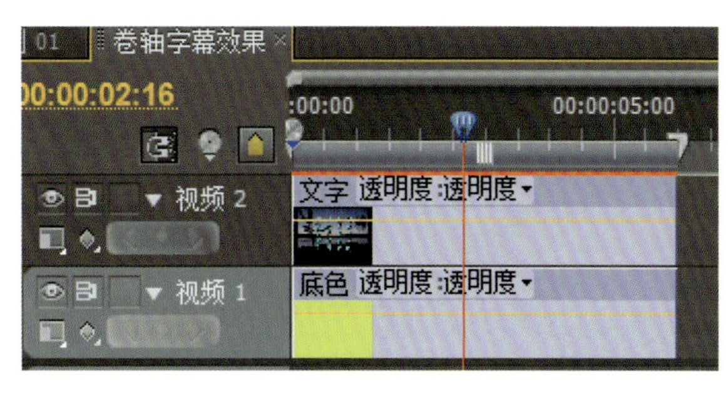

图1-139　添加字幕

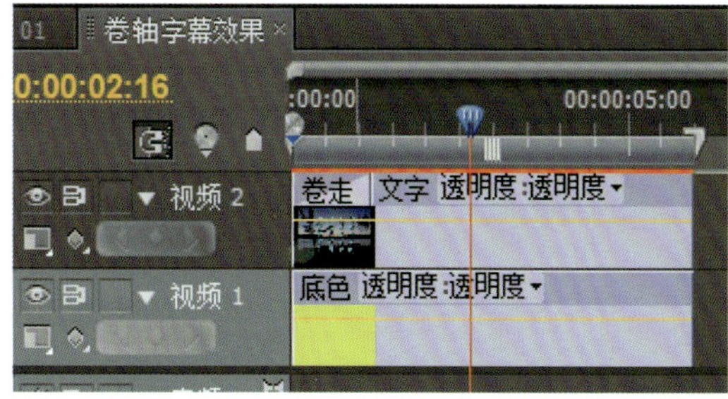

图1-140　添加“卷走”转场

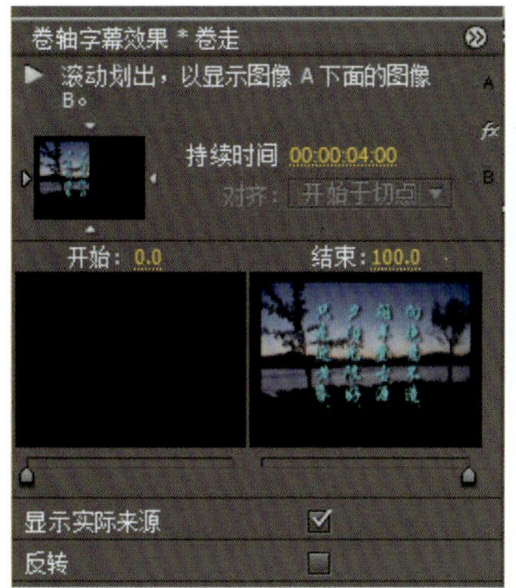

图1-141　调整转场的持续时间

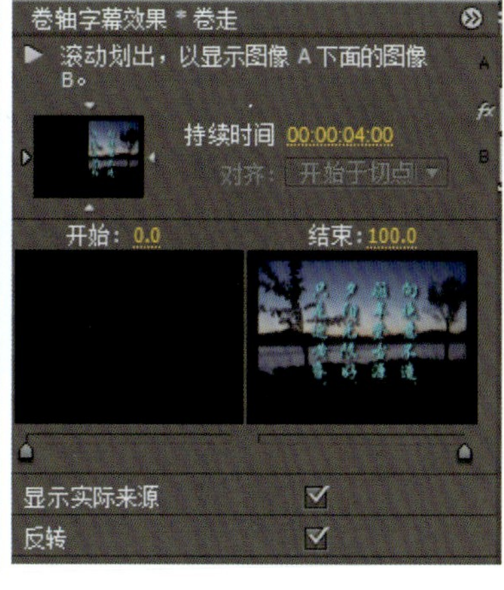

图1-142　选中“反转”复选框

图1-143　发光特效

图1-144　字幕效果

4）实例4：燃烧字幕效果

知识要点：添加Alpha辉光特效，设置发光效果，添加波浪特效制作燃烧动态效果，自定义燃烧颜色。

在字幕编辑窗口中输入并设置文字属性后，为文字添加Alpha辉光特效。通过设置相关参数，可以将文字制作发光效果，再为文字添加波浪特效，可以模拟燃烧时的动态效果，从而制作出燃烧的字幕效果。

①启动Premiere Pro CS5.5，新建一个名为“燃烧字幕效果”的项目文件。

②执行菜单命令“文件”→“新建”→“字幕”，打开“新

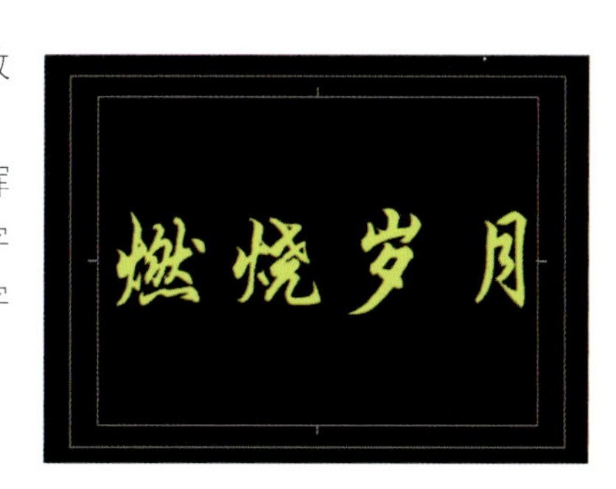

图1-145　填充颜色后的文字

建字幕”对话框，在该对话框的“名称”文本框中输入“燃烧岁月”，单击“确定”按钮，进入字幕编辑窗口。

③利用文本工具，在字幕编辑窗口中输入“燃烧岁月”，选中输入的文字，选择“字体类型”为STXingkai，设置“字体尺寸”值为120，在“字幕属性”选项区中展开“填充”选项，设置“填充类型”为实色，设置“色彩”为黄色（F6FA07），效果如图1-145所示。

④关闭字幕编辑窗口，返回到Premiere Pro CS5.5 的工作界面。

⑤在项目窗口中选择字幕“燃烧岁月”，将其添加到“视频1”轨道上，如图1-146所示。

⑥在效果窗口中选择“视频特效”→“风格化”→“Alpha辉光”，添加到字幕上，此时该素材下方会出现一条绿色的直线，在预览区中显示发光效果，如图1-147所示。

图1-146　添加字幕

图1-147　添加“Alpha辉光”特效后的效果

⑦选中添加了特效的字幕，在特效控制台窗口中展开“Alpha辉光”选项，为“发光”“亮度”和“起始色”在0 s，2 s和4 s处添加3个关键帧，其参数为（25，255，E0E332），（70，250，E3C230）和（100，245，D48224），如图1-148所示。

图1-148　添加关键帧

⑧单击“播放/停止”按钮，字幕效果如图1-149所示。

⑨在效果窗口中选择“视频特效”→“扭曲”→“波形弯曲”，添加到字幕上，此时该素材下方会出现一条绿色的直线。

⑩添加“波形弯曲”特效后，参数设置为默认值，单击“播放/停止”按钮，字幕燃烧效果如图1-150所示。

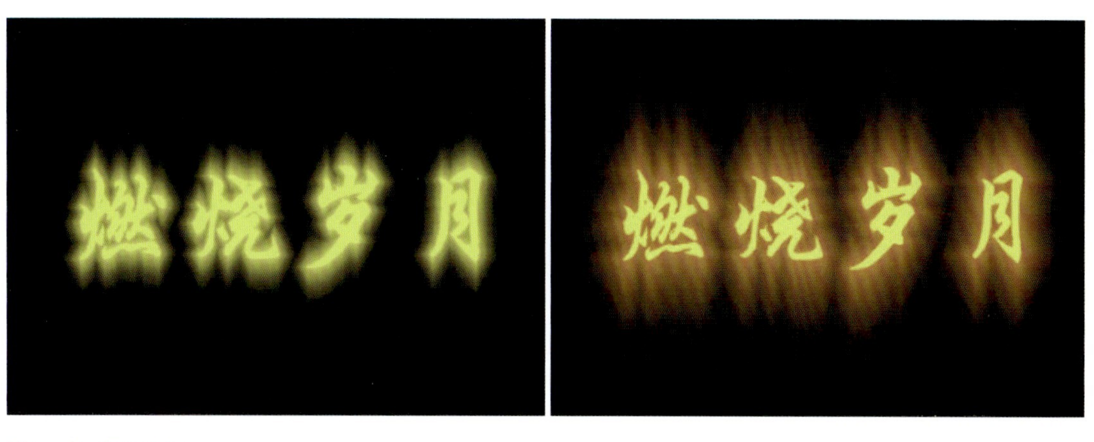

图1-149　预览效果

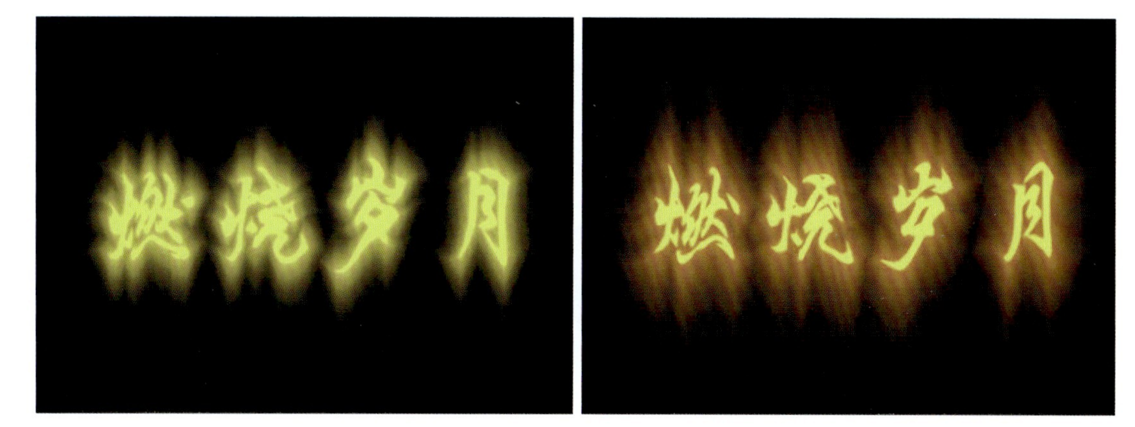

图1-150　字幕燃烧效果

任务1.5

影片的输出

【问题的情景及实现】

视频制作好后，可以创建一个DVD，或者将其做成网络格式，放在网上，供大家欣赏。还可以输出影片保存起来，作为素材再进行编辑。

当完成对影片的编辑后，可以按照其用途输出为不同格式的文件，以便观看或作为素材进行再编辑。

Premiere Pro CS5.5可以根据输出文件的用途和发布媒介，将素材或序列输出为所需的各种格式，其中包括电影帧、用于电脑播放的视频文件、视频光盘和网络流媒体等。Premiere Pro CS5.5为各种输出途径提供了广泛的视频编码和文件格式。

对于高清格式的视频，提供了诸如DVCPRO HD、HDCAM、HDV、H.264、WM9 HDTV和不压缩的HD等编码格式；对于网络下载视频和流媒体视频则提供了Macromedia Flash、QuickTime、Windows Media和Real Media等相关格式。

在具体的文件格式方面，可以分别输出视频、音频、静止图片和图片序列的各种格式。

①视频格式包括Microsoft AVI and DV AVI、动画GIF、Adobe Flash Video（FLV）MPEG-1（和MPEG-1-VCD）、MPEG-2（和MPEG-2-DVD）、P2影片。

②音频格式包括MP3、WMA、WAV。

③静止图片格式包括Targa（TGF/TGA）、TIFF和Windows Bitmap（BMP）。

④图片序列格式包括GIF序列、Targa序列、TIFF序列和BMP序列。

1.5.1　输出AVI

编辑完成后的影片序列中包含的素材片段与磁盘空间中的素材文件相对应。当对一个序列进行输出时，会继续调用源文件数据。可以将素材或序列输出为影片、静止图片或音频文件，以创建一个新的独立的文件。输出文件的过程会占用时间以进行渲染，输出为所选的格式。渲染时间取决于系统的处理速度、素材源文件的基本属性和所选的输出格式的设置。

执行菜单命令“文件”→“导出”→“媒体”，可将影片输出为音、视频文件和图像序列，将时间指针所在当前帧输出为图像文件、仅输出音频文件等。

①执行菜单命令“文件”→“导出”→“媒体”，在打开的“导出设置”对话框中选择格式、预置等。

A.格式：从菜单中选择一种要输出的文件格式，如Microsoft AVI，如图1-151所示。

B.预置：在预置中选择一种预置的规格，如PAL DV。

C.导出视频：勾选后输出视频轨道，取消勾选则可以避免输出。

D.导出音频：勾选后输出音频轨道，取消勾选则可以避免输出。

②在“导出设置”对话框中间的“摘要”栏中有“视、音频”的相关参数，如图1-152所示。单击“输出名称”后面的链接，打开“另存为”对话框，在对话框中设置导出文件的保存位置和文件名，如图1-153所示，单击“保存”按钮。

③在软件窗口中单击“导出”按钮，开始导出媒体文件，如图1-154所示。

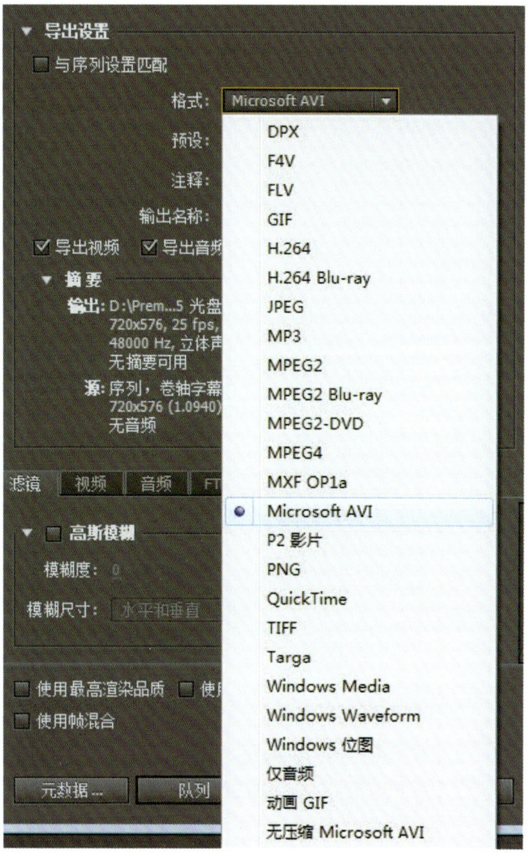

图1-151 文件格式

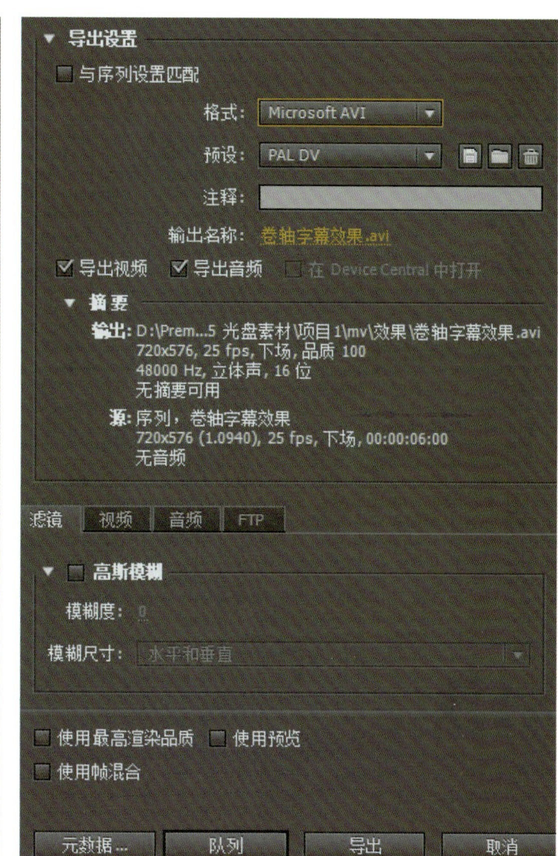

图1-152 “摘要”栏

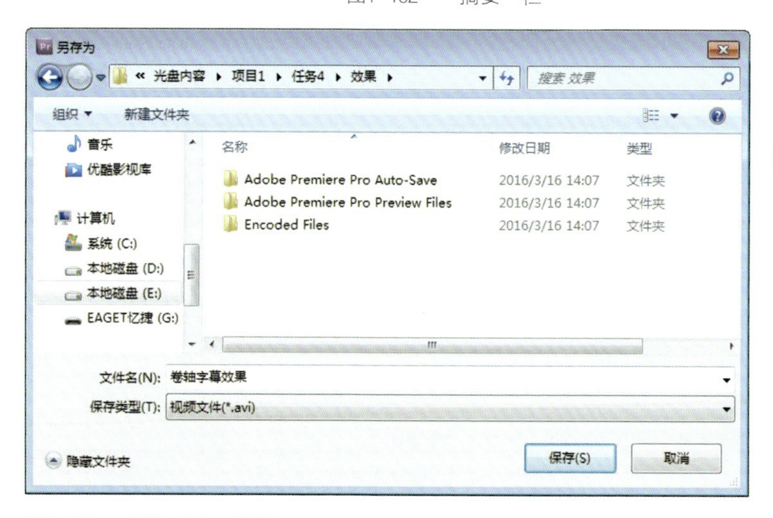

图1-153 “另存为”对话框

图1-154 导出媒体

1.5.2 输出单帧图片

①在时间线窗口中对素材进行编辑后，将当前播放指针拖动到需要输出帧的位置处。

②在节目监视器窗口中预览当前帧的画面，确定需要输出内容的画面。

③执行菜单命令“文件”→“导出”→“媒体”，打开“导出设置”对话框。在“格式”下拉列表中选择“Windows位图”，设置好“输出名称”选项，单击“导出”按钮，开始导出单帧文件。

1.5.3 输出音频文件

Premiere可以将项目片段中的音频部分单独输出为所要类型的音频文件。

执行菜单命令“文件”→“导出”→“媒体”，打开“导出设置”对话框。在“格式”下拉列表中选择“Windows波形”，设置好“输出名称”选项，单击“导出”按钮，开始导出音频文件。

1.5.4 输出H.264格式

执行菜单命令“文件”→“导出”→“媒体”，打开“导出设置”对话框。在“格式”下拉列表中选择“H.264”，“预置”下拉列表中选择“PAL DV高品质”，设置好“输出名称”选项，单击“导出”按钮，即可将编辑好的文件以“*.mp4”文件形式输出。

1.5.5 输出MPEG2格式

执行菜单命令“文件”→“导出”→“媒体”，打开“导出设置”对话框。在“格式”下拉列表中选择“MPEG2”，“预置”下拉列表中选择“PAL DV高品质”，设置好“输出名称”选项，单击“导出”按钮，即可将编辑好的文件以“*.mpg”文件形式输出。

课后拓展练习1

1.教师提供视频素材，学生完成一个MV影片的制作。
2.学生拍摄视频素材，完成一个MV影片的制作。
3.教师提供视频素材，学生完成一个卡拉OK影片的制作。
4.学生拍摄视频素材，完成一个卡拉OK影片的制作。

项目 1

习题和答案 1

项目2
电子相册的编辑

【项目导读】

电子相册不仅能以艺术摄像的各种变换手法较完美地展现摄影（照片）画面的精彩瞬间，给家庭和朋友带来欢乐，而且可以通过文字编辑，充分展示照片主题，发掘相册潜在的思想内涵。随着个性化时代的来临和人民生活水平的不断提高，照片数量及其衍生的服务也将越来越多。这些纪念难忘岁月和美好时光的经典照片，将更显得弥足珍贵。

音乐电子相册是以静态照片为素材，配合动感的背景、前景和字幕等视频处理的特殊效果，配上音乐制而成的。制作好的电子相册可以在计算机、各类影碟机、手机等设备上观看。制作成的电子相册光盘可以长期保存，通过DVD影碟机即可与家人、朋友、客户分享；若保存在硬盘上，也便于随时调阅、欣赏，永久保存。

1. 电子相册的种类

（1）怀旧相册

这种相册以家庭保存年久的黑白旧照片为主，配以近年的家庭生活彩色照片，用回忆的方式，——展现家庭成员在各个时期的形象。多用对比的方法，注上文字说明，力图表现“流金岁月”“往事回忆”“家庭变化”“感怀思旧”等相册主题。

（2）旅游相册

这种相册用自己游览各地风景名胜的专题照片，配以相关的风景花卉背景以及文字说明或相关诗词书画（最好是自己创作、书写并吟诵），力图表现“胸怀豁达”“雄心壮志”“豪情舒展”“心旷神怡”等相册主题。

（3）聚会相册

这种相册用同学或朋友、同事、战友在一起聚会的照片和相关的新老照片（还可加上录像片段），配以相关的背景与音乐，力图表现“怀念友情”“风雨同舟”“感慨人生”“友谊长青”等相册主题。

（4）婚纱相册

这种相册用婚纱照片制作而成。

（5）儿童相册

这种相册用幼儿和儿童照片制作而成。

（6）写真相册

这种相册用少女或情侣特写照片制作而成。

（7）毕业相册

这种相册用学校班级毕业团体、集体照片、同学照片、校园生活及校园景观等照片，配以校长、老师题词和学友赠言等相关资料制作而成。

（8）书画相册

这种相册用个人绘画或书法、摄影等作品图像及照片制作而成，观摩、欣赏性极强。

（9）求职相册

这种相册用个人简历、学历、照片、证件、成果材料、获奖证书等资料编辑、制作而成。

（10）家谱相册

这种相册用家谱资料，配以相关照片编辑、制作而成，便于查阅、保存。

2. 电子相册的优点

（1）欣赏方便

传统的相册在多人欣赏时只能轮流进行，而电子相册可以供多人同时欣赏。

（2）交互性强

可以像VCD点歌一样，将相册做成不同的标题。

（3）储存量大

一张VCD光盘可储存几百张照片。

（4）永久保存

CD-R光盘可以以金碟为存储介质，保存寿命长达上百年。

（5）欣赏性强

以高科技专业视频处理技术处理照片，配上优美的音乐，可以让人得到双重的享受。

【技能目标】

能使用特技实现电子相册场景转换，增强电子相册的可视性和趣味性，完成电子相册的制作。

【知识目标】

1.熟悉转场的基本原理，掌握转场的添加、替换及控制。

2.了解默认转场的添加、设置与长度的改变方式。

3.学会正确添加转场与转场替换。

4.会转场控制、改变转场参数。

5.会添加默认转场及设置。

【依托项目】

特技具有神话般的魔力，让观众常常从特技效果中感受到超级视觉冲击力，许多不可思议的事在屏幕上都成了现实。因此，我们把电子相册当作一个任务来讲授。

【项目解析】

要制作电子相册，首先应写出电子相册策划稿，进行照片的拍摄。然后，进行照片的编辑、添加字幕、配音、制作片头片尾及添加特效。我们可以将电子相册分成两个子任务来处理，第一个任务是转场的应用，第二个任务是综合实训。

任务2.1 转场的应用

【问题的情景及实现】

我们平时看电视节目时会发现，片段的组接，最多的是使用切换，就是一个片段结束时立即换为另一个片段，这称为无技巧转换。有些片段之间的转换采用的是有技巧转换，就是一个片段以某种效果逐渐地换为另一个片段。在电视广告和节目片头中会经常看到有技巧转换的运用。利用转换可以制作出赏心悦目的特技效果，大大增加艺术感染力，它是后期制作的有力手段。通常，仅将有技巧转换称为转场。

2.1.1 转场的添加

Premiere Pro CS5.5提供了多种转场的方式，可以满足各种镜头转换的需要。

1）镜头的切换与转场概述

在默认状态下，两个相邻素材片段之间的转换是采用硬切的方式，即后一个素材片段的入点帧紧接着前一个素材片段的出点帧，没有任何过渡。可以通过为相邻的素材片段施加转场，使其产生不同的过渡效果。

转场就是指在前一个素材逐渐消失的过程中，后一个素材逐渐出现。这就需要素材之间有交叠的部分，或者说素材的入点和出点要与起始点和结束点拉开距离，即额外帧，使用其间的额外帧作为转场的过渡帧。

要取得很好的转场效果，在拍摄和采集源素材的过程中，在入点和出点之外要留出足够的额外帧。

转场通常为双边转场，将临近编辑点的两个视频或音频素材的端点合并。除此之外，还可以进行单边转场，转场效果只影响素材片段的开头或结尾。

使用单边转场，可以更灵活地控制转场效果。例如，可以为前一段素材的结尾施加一种转场效果，而为接下来的一段素材的开头施加另一种转场效果。单边转场从透明过渡到素材内容，或过渡到透明，而并非是黑场。在时间线窗口中，处于转场下方轨道上的素材片段会随着转场的透明变化而显现出来。如果素材片段在“视频1”轨道，或者其轨道下方无任何素材，则单边转场部分会过渡为黑色。如果素材片段在另一个素材片段的上方，则底下的素材片段会随着转场而显示出来，看上去与双边转场类似。

如果要在两段素材之间以黑场进行转场，可以使用“叠化”→“黑场过渡”模式，“黑场过渡”可以不显示其下或相邻的素材片段而直接过渡到黑场。

在时间线窗口或特效控制台窗口中，双边转场上有一条深色对角线，而单边转场则被对角线分开，一半是深色，一半是浅色。

2）添加转场

要为两段素材之间添加转场，这两段素材必须在同一轨道上，且其间没有间隙。当施加转场之后，还可以对其进行调节设置。

①在效果窗口中，展开“视频切换”文件夹或“音频过渡”文件夹及其子文件夹，在其中找出所需的转场，也可以在效果窗口上方的后面的搜索栏中，输入转场名称中的关键字进行搜索。

②将转场从效果窗口拖曳到时间线窗口中两段素材之间的切线上，当出现如图2-1所示的图标时释放鼠标。

图2-1 添加转场

A.转场的结束点与前一个素材片段的出点对齐。

B.转场与两素材之间的切线居中对齐。

C.转场的起始点与后一个素材片段的入点对齐。

③如果仅为相邻素材之中的一个素材施加转场，则在按住〈Ctrl〉键的同时，拖曳转场到时间线窗口中，当出现图标时，释放鼠标。如果素材片段与其他的素材不相邻的话，则无须按住〈Ctrl〉键，直接施加即为单边转场。

④有些转场在施加时会弹出对话框，在其中进行设置。设置完毕，单击“确定”按钮。

⑤当修改项目时，往往需要使用新的转场替换之前施加的转场。从效果窗口中，将所需的视频或音频转场拖放到序列中原有转场上即可完成替换。

替换转场之后，其对齐方式和持续时间保持不变，而其他属性会自动更新为新转场的默认设置。

3）默认转场

为了提高编辑效率，可以将使用频率最高的视频转场和音频转场设置为默认转场，默认转场在效果窗口中的图标具有红色外框。默认状态下，“叠化”→“交叉叠化”和“交叉渐稳”→“恒定功率”分别为默认的视频转场和音频转场，可以通过菜单命令或其他方式施加默认转场。如果这两个转场并非使用最频繁的转场，还可以将其他转场设置为默认转场。添加默认转场的步骤如下：

①单击轨道标签以选中要施加转场的目标轨道。

②将时间指针放置到素材之间的编辑点上，也可使用节目监视器窗口中的“跳转到前一编辑点”按钮和“跳转到后一编辑点”按钮来实现。

③根据目标轨道的类别，执行菜单命令“序列”→“应用视频切换效果/应用音频切换效果”，可以分别为素材片段施加默认的视频转场或音频转场。

4）设置默认转场

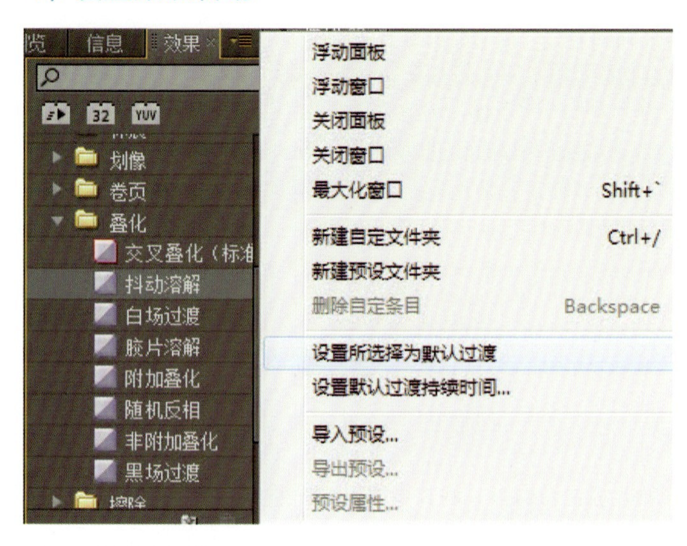

图2-2 设置默认转场

①在效果窗口中，展开“视频切换”文件夹或“音频过渡”文件夹及其子文件夹，选中要设置为默认转场的转场。

②单击效果窗口的弹出式菜单按钮，在弹出式菜单中选择“设置所选为默认切换效果”命令，如图2-2所示，将当前选中转场设置为默认转场。

5）设置默认转场长度

①执行菜单命令“编辑”→“首选项”→“常规”，或单击效果窗口的弹出式菜单按钮，在弹出式菜单中选择“默认切换持续时间”命令，打开“首选项”对话框。

②在“视频切换默认持续时间”或“音频切换默认持续时间”后面输入新的所需长度值，单击“确定”按钮，将默认转场长度设置为此值，如图2-3所示。

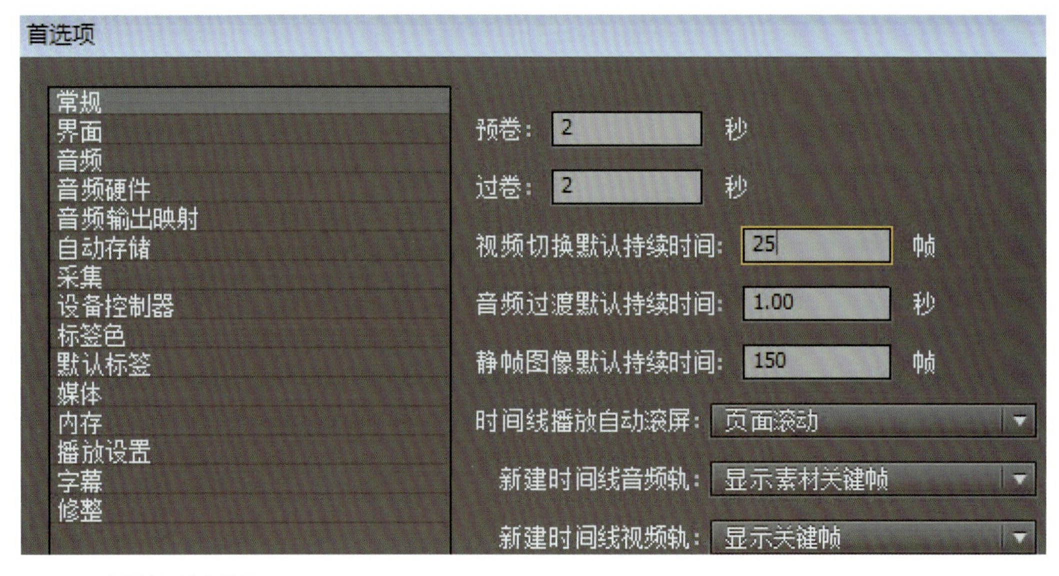

图2-3　默认转场长度的设置

③单击“媒体”选项，在“不确定的媒体时基”处设置其时基为25 fps，如图2-4所示。

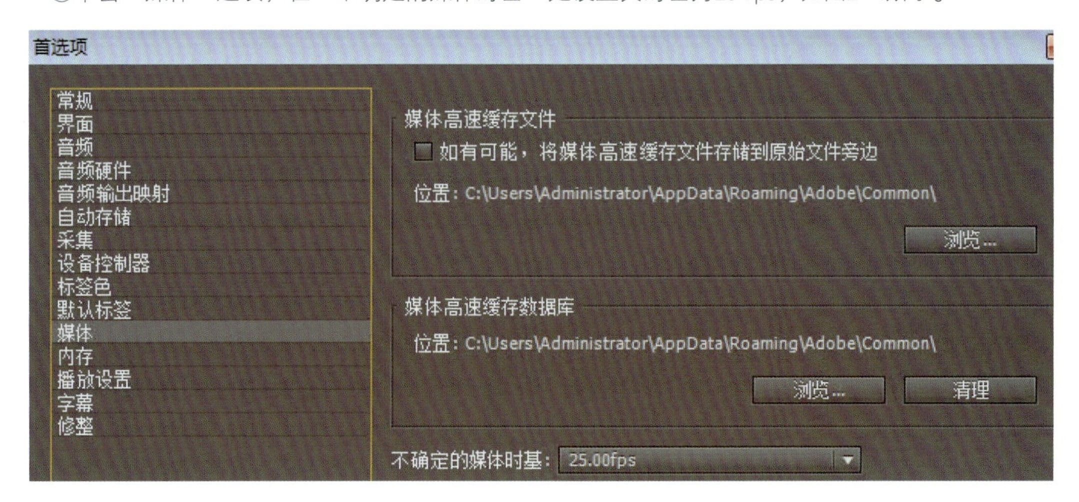

图2-4　设置媒体时基

2.1.2　转场控制

在Premiere Pro CS5.5 中，既可以在时间线窗口中对转场进行控制，也可以转到特效控制台窗口中对转场的更多参数进行调节。

1）在特效控制台窗口中显示转场

在时间线窗口中双击“转场”，打开特效控制台窗口，在其中显示转场的相关内容和设置，如图2-5所示。其中分为左、右两部分，左侧提供转场预览及参数设置，右侧显示类似于先前版本中A/B轨编辑中的A/B轨道及转场，可以在其中对转场细致地进行调节。

图2-5　转场控制

单击窗口上方的按钮可以展开或收起特效控制台窗口中右侧的时间线部分。对于基本转场，其中的设置如下：

①“持续时间”：转场时间。

②“对齐”：对齐方式。

③“显示实际来源”：显示画面素材。

有的转场具有更多可设置的选项。

2）设置转场对齐

转场未必需要与切线对齐，可以在时间线窗口或特效控制台窗口中对两段素材片段之间的转场的对齐方式进行设置。

方法1：在时间线窗口中，直接对转场进行拖曳，将其拖放到一个新的位置，即可完成转场的对齐，如图2-6所示。

方法2：在特效控制台窗口中，将鼠标放置在转场上，会出现滑动转场图标，随需拖动即可对转场进行对齐，如图2-7所示。

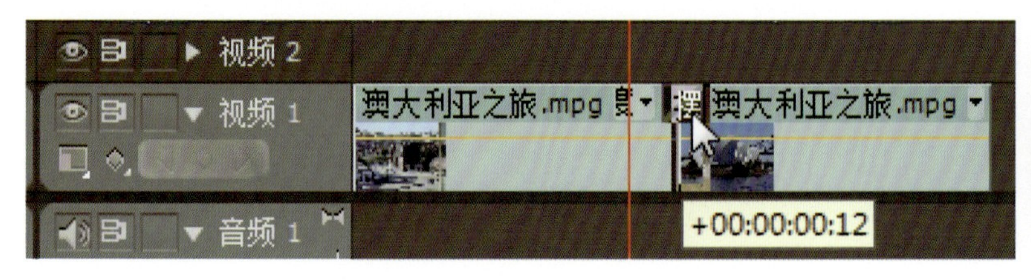

图2-6　拖曳对齐

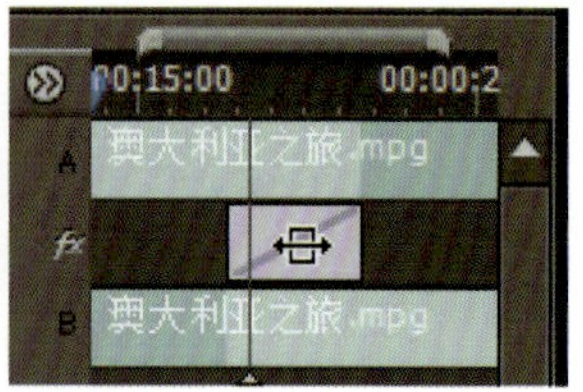

图2-7　滑动转场

方法3：在特效控制台窗口中的“对齐”下拉菜单中选择一种对齐方式，居中于切点、开始于切点和结束于切点。

3）同时移动切线和转场

在特效控制台窗口中，不但可以移动转场的位置，还可以在移动转场位置的同时，相应地移动切线位置。

将鼠标放置在转场上标记切线的细垂直线上，滑动转场图标会变为波纹编辑图标，随需拖动可以同时移动切线和转场，如图2-8所示。

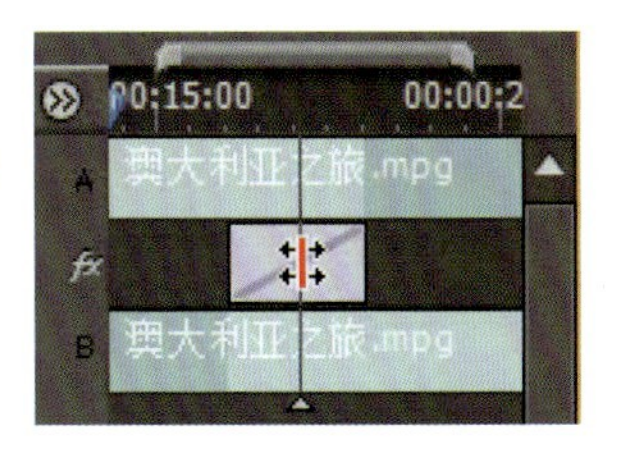

图2-8　移动切线和转场

4）改变转场长度

可以在时间线窗口或特效控制台窗口中对转场的长度进行编辑，增长转场需要素材具备更多的额外帧。

方法1：在时间线窗口中，将鼠标放在转场的两端，会出现剪辑入点图标或剪辑出点图标，进行拖曳，方法与在时间线上编辑视频素材相同，如图2-9所示。

方法2：在特效控制台窗口中，将鼠标放在转场的两端，也会出现剪辑入点图标或剪辑出点图标，进行拖曳，也可以改变转场长度，如图2-10所示。

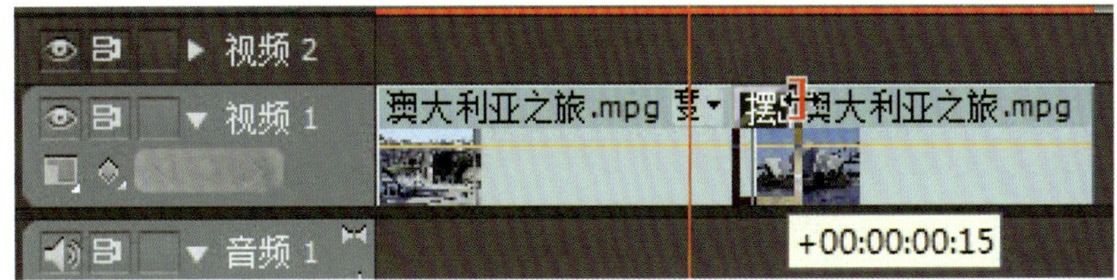

图2-9　改变转场长度1

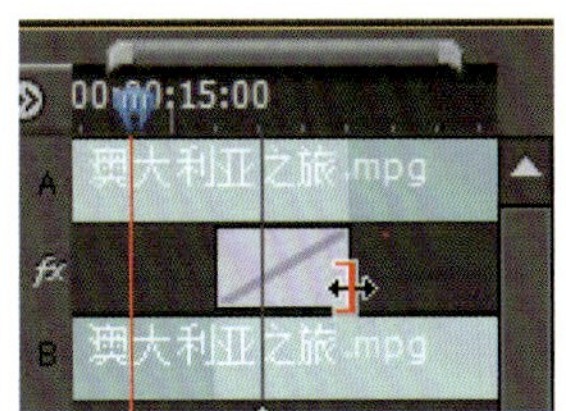

图2-10　改变转场长度2

方法3：拖动特效控制台窗口中“持续时间”后面的时间，或单击激活后直接输入新的时间。

5）设置选项

使用特效控制台窗口最主要的作用，是通过设置选项对转场的各种属性进行精确控制，如图2-11所示。设置选项如下：

图2-11　设置选项

①边缘选择：改变转场的方向。单击转场缩略图边上的箭头，例如，“旋转”转场既可以垂直翻转，也可以水平翻转。有些单向转场或不支持翻转的转场效果，不可以改变转场的方向。

②开始和结束滑块：设置转场始末位置的进程百分比，按住〈Shift〉键拖动滑块，可以对始末位置进行同步移动。

③显示实际来源：显示素材始末位置的帧画面。

④边宽：调节转场边缘的宽度，默认宽度为0。一些转场没有边缘。

⑤边色：设定转场边缘的颜色。单击颜色标记可以打开“颜色拾取”对话框，在其中选择所需颜

色，或使用吸管选择颜色。

⑥反转：对转场进行翻转。例如，“时钟擦除”转场翻转后，转动方向变为逆时针。

⑦抗锯齿品质：调节转场边缘的平滑程度。

⑧自定义：设置转场的一些具体设置。大多数转场不支持自定义设置。

有些转场，例如“圆划像”转场，围绕中心点进行。当转场具备可定位的中心点时，可以在特效控制台窗口的A预览区域通过拖曳小圆圈对中心点进行重新定位，如图2-12所示。

图2-12　中心点定位

2.1.3　应用实例

可自定义转场包括图像遮罩转场和渐变划像转场等，可以通过使用图片或其他方式自由定义转场方式。使用这种类型的转场，配合自己丰富的想象力，可以创建各种各样的转场效果。

1）实例1：使用渐变擦除转场

知识要点：添加渐变擦除转场效果，设置转场的持续时间，自定义转场效果。

渐变擦除转场类似于一种动态蒙版，它使用一张图片作为辅助，通过计算图片的色阶，自动生成渐变划像的动态转场效果。其最终效果如图2-13所示。

①启动Premiere Pro CS5.5，新建一个“渐变擦除特效”的项目文件。

②双击项目窗口空白处，打开“导入”对话框，选择本项目素材“项目2/任务1/素材”文件夹内的“花1.jpg”和“泸沽湖1.jpg”，如图2-14所示。

图2-13　渐变擦除效果

图2-14　选择素材

③在项目窗口中，选中导入的素材，将其添加到“视频1”轨道上，如图2-15所示。

图2-15　添加素材1

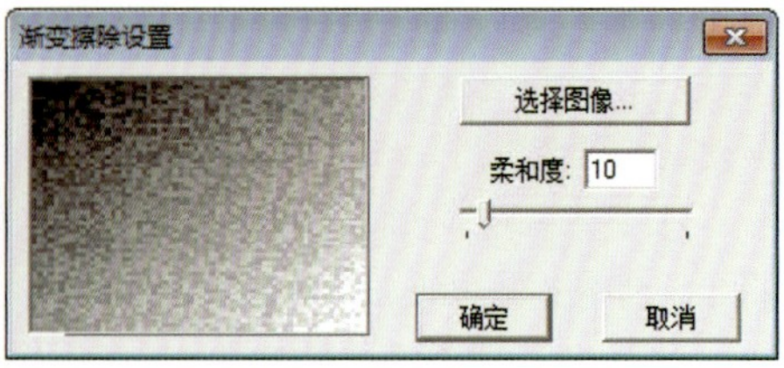

图2-16　设置“柔和度”为10

④用鼠标右键单击“视频1”轨道上的“花1”，从弹出的快捷菜单中选择“缩放为当前画面大小”菜单项，将素材全屏显示。

⑤用鼠标右键单击“视频1”轨道上的“泸沽湖1”，从弹出的快捷菜单中选择“缩放为当前画面大小”菜单项，将素材全屏显示。

⑥在效果窗口中选择“视频切换”→“擦除”→“渐变擦除”，添加到“视频1”轨道上的两个素材之间。此时弹出“渐变擦除设置”对话框，如图2-16所示，单击“确定”按钮。

⑦在特效控制台窗口中设置“持续时间”为3 s，如图2-17所示。按〈空格〉键，观看转场效果。

⑧在特效控制台窗口中选中“反转”复选框。按〈空格〉键，观看转场效果。

⑨选中添加的转场，在特效控制台窗口中单击“自定义”按钮，打开“渐变擦除设置”对话框，设置“柔和度”为35。

⑩单击“确定”按钮，按〈空格〉键，预览转场效果。

图2-17　设置转场持续时间

2）实例2：跟踪缩放转场

知识要点：添加跟踪缩放转场，设置转场参数，自定义转场的持续时间。

跟踪缩放转场是将素材A逐渐移远直至消失，以形成远视效果，最终将素材B的画面显示出来。最终效果如图2-18所示。

①启动Premiere Pro CS5.5，新建一个名为“跟踪缩放转场”的项目文件。

②执行菜单命令“文件”→“导入”，导入本项目素材文件夹内的“劳作.jpg”和“日出.jpg”，如图2-19所示。

图2-18　转场效果

（a）　（b）

图2-19　素材

③将导入的素材添加到“视频1”轨道上，用鼠标右键单击“视频1”轨道上的“劳作”，从弹出的快捷菜单中选择“缩放为当前画面大小”菜单项，将素材全屏显示。

④用鼠标右键单击“视频1”轨道上的“日出”，从弹出的快捷菜单中选择“缩放为当前画面大小”菜单项，将素材全屏显示。

⑤在效果窗口中选择“视频转换”→“缩放”→“缩放拖尾”，添加到“视频1”轨道上的两个素材之间，如图2-20所示。

⑥单击“播放/停止”按钮，转场效果如图2-21所示。

⑦在特效控制台窗口中选中“显示实际来源”复选框，如图2-22所示。

⑧在特效控制台窗口中单击“自定义”按钮，在“缩放拖尾设置”对话框中设置参数，如图2-23所示。

⑨单击“确定”按钮，单击“播放/停止”按钮，预览转场效果如图2-24所示。

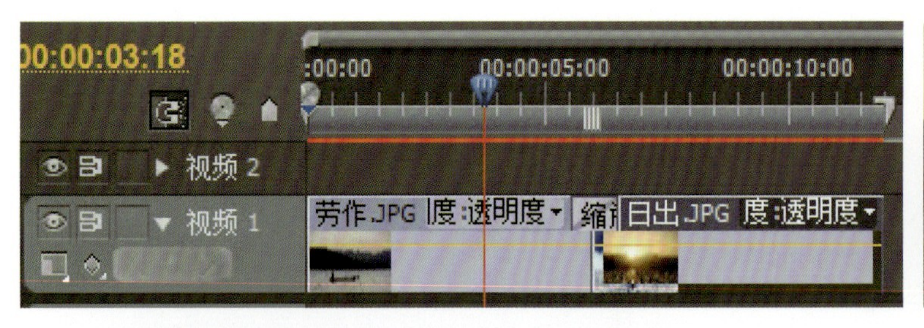

图2-20　添加"缩放拖尾"转场

图2-21　转场效果

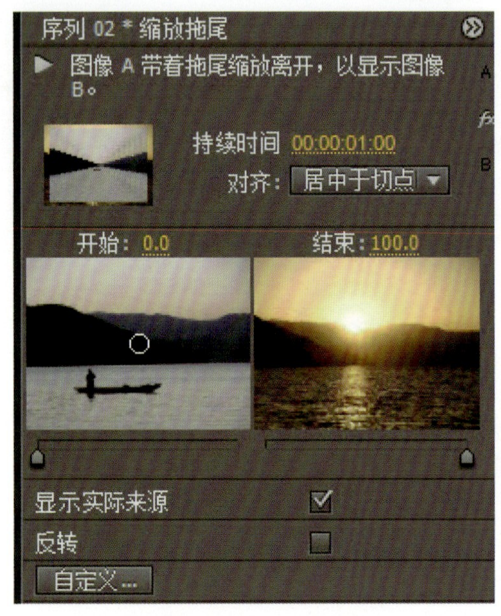

图2-22　选中"显示实际来源"复选框

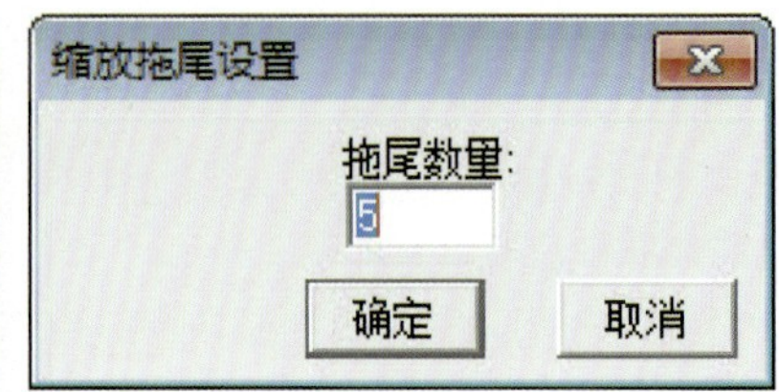

图2-23　"缩放拖尾设置"对话框

图2-24　预览转场效果

⑩在特效控制台窗口中选中"反转"复选框，将"持续时间"调整为5 s，如图2-25所示。

⑪单击"播放/停止"按钮，转场效果如前图2-18所示。

图2-25　选中"反转"复选框

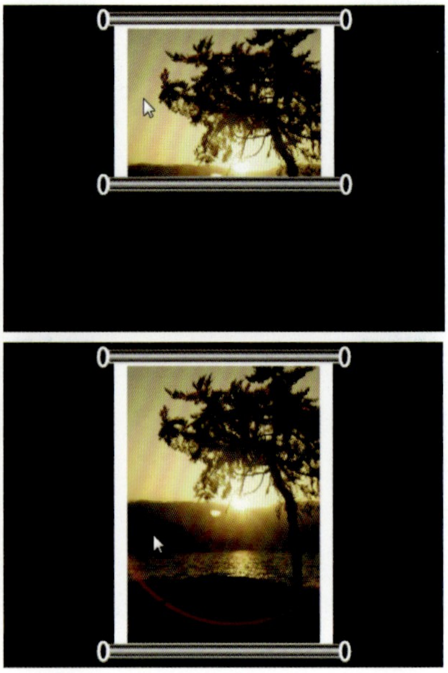

图2-26　最终效果

3）实例3：画轴卷动效果

知识要点：添加擦除转场效果并设置其参数，设置擦除转场持续时间，设置擦除转场方向。

利用擦除转场，通过制作画轴及设置相关参数，可以制作出画轴卷动效果。其最终效果如图2-26所示。

①启动Premiere Pro CS5.5，新建一个 “视频4”轨道，且命名为“画轴卷动”的项目文件。

②执行菜单命令“文件”→“导入”，导入本项目素材文件夹内的“光环.jpg”，如图2-27所示。

③在项目窗口中选择导入的素材，将其添加到“视频2”轨道上，如图2-28所示。用鼠标右键单击添加的素材，从弹出的快捷菜单中选择“缩放为当前画面大小”菜单项，将该素材调整到全屏状态。

图2-27 素材

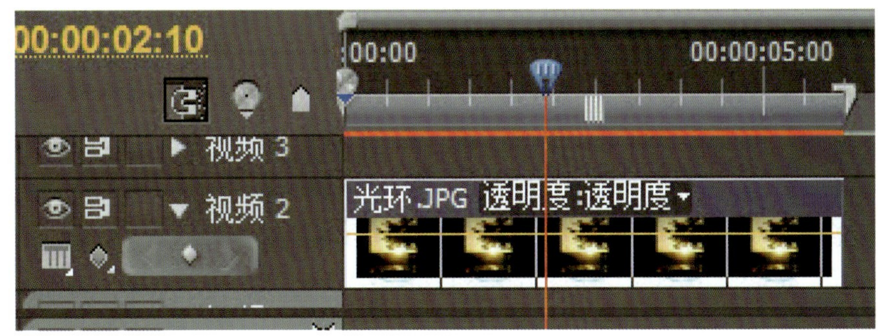

图2-28 添加素材

④在特效控制台窗口中展开运动属性，取消“等比缩放”复选框，将“缩放高度” 和“缩放宽度”分别设置为90、85。

⑤选中添加的素材，执行菜单命令“素材”→“速度/持续时间”，在打开的“素材速度/持续时间”对话框中设置“持续时间”为12 s，单击“确定”按钮，如图2-29所示。

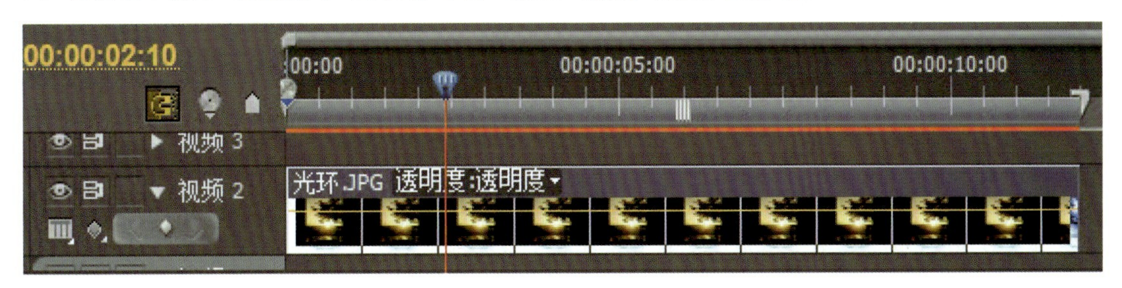

图2-29 调整速度后的素材

⑥执行菜单命令“文件”→“新建”→“彩色蒙版”，打开“新建彩色蒙版”对话框，设置如图2-30所示，单击“确定”按钮。

⑦打开“颜色拾取”对话框，将颜色设置为白色，如图2-31所示，单击“确定”按钮。

⑧打开“选择名称”对话框，在“选择用于新蒙版的名称”文本框中输入“白色蒙版”，单击“确定”按钮。

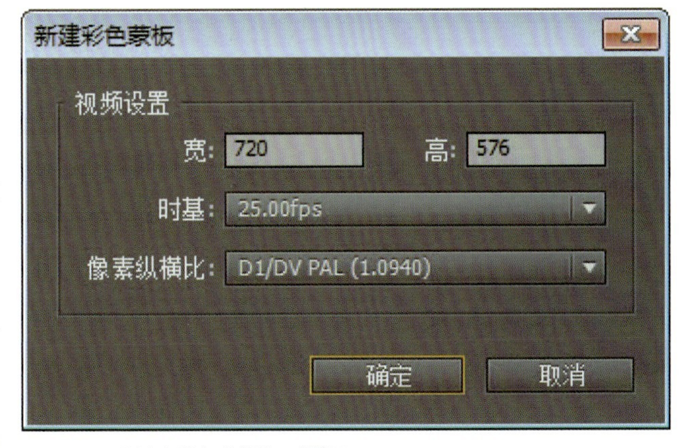

图2-30 “新建彩色蒙版”对话框

⑨在项目窗口中将“白色蒙版”添加到“视频1”轨道中，用鼠标右键单击“白色蒙版”，从弹出的快捷菜单中选择“速度/持续时间”对话框。

⑩打开“素材速度/持续时间”对话框，设置“持续时间”为12s，单击“确定”按钮。

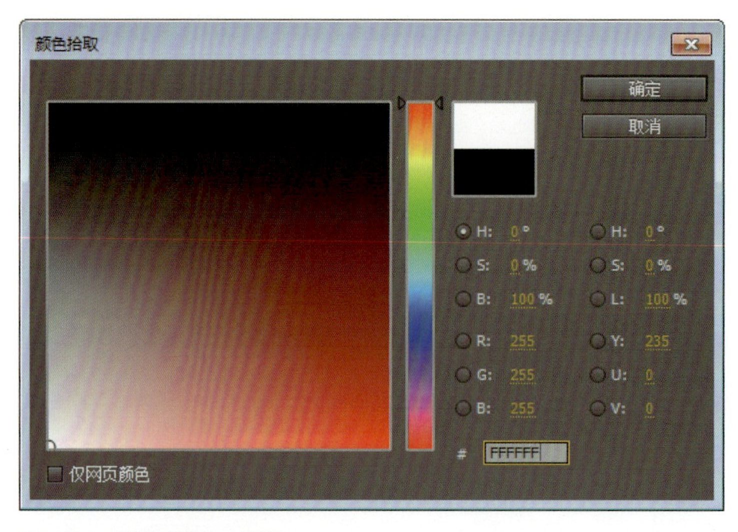

图2-31　“颜色拾取”对话框

⑪选中“白色蒙版”素材，在特效控制台窗口中展开运动属性，取消“等比缩放”复选框，将 “缩放高度” 和“缩放宽度”分别设置为92，50。

⑫按〈Ctrl+T〉组合键，打开“新建字幕”对话框，在该对话框的“名称”文本框中输入“画轴”，如图2-32所示，单击“确定”按钮，进入字幕编辑窗口。

⑬在工具栏中选择“矩形工具”，在字幕编辑窗口的上方绘制一个矩形（系统默认填充白色），如图2-33所示。

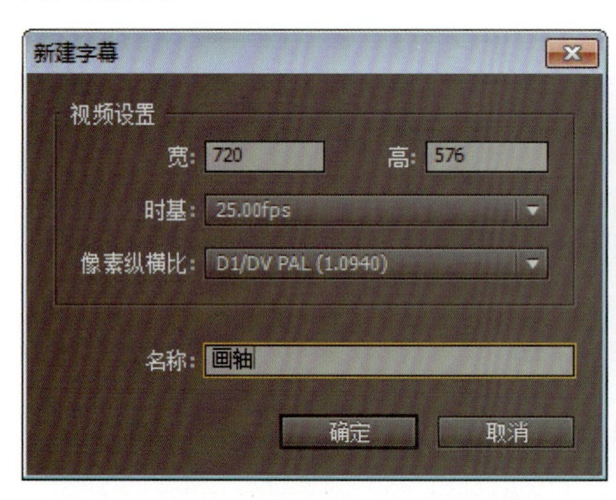

图2-32　“新建字幕”对话框

图2-33　绘制的矩形

⑭使用矩形工具在新建的矩形上再绘制一个矩形， “填充类型”为实色， “颜色”为黑色，选中“光泽”复选框，如图2-34所示。

⑮在工具栏中选择“椭圆”工具，在矩形的旁边绘制一个椭圆形， “填充类型”为实色， “颜色”为黑色，外侧边的“类型”为凸出， “大小”为6， “色彩”为白色，如图2-35所示。

⑯用鼠标右键单击椭圆形，从弹出的快捷菜单中选择“复制”菜单项。用同样方法，从弹出的快捷菜单中选择“粘贴”菜单项，将复制出一个椭圆形，将其移到矩形的另一边，效果如图2-36所示。

⑰关闭字幕编辑窗口，返回到Premiere Pro CS5.5的工作界面。

⑱在项目窗口中将“画轴”添加到“视频3”和“视频4”轨道上，调整其持续时间与“视频1”轨道上素材的持续时间等长，如图2-37所示。

⑲选中“视频3”轨道上的素材，在特效控制台窗口中展开“运动”属性，为位置参数在0 s和12 s处添加两个关键帧，其参数为（360，288）和（360，820），如图2-38所示。

图2-34　绘制并填充矩形

图2-35　绘制并填充椭圆形

图2-36　复制并移动椭圆形

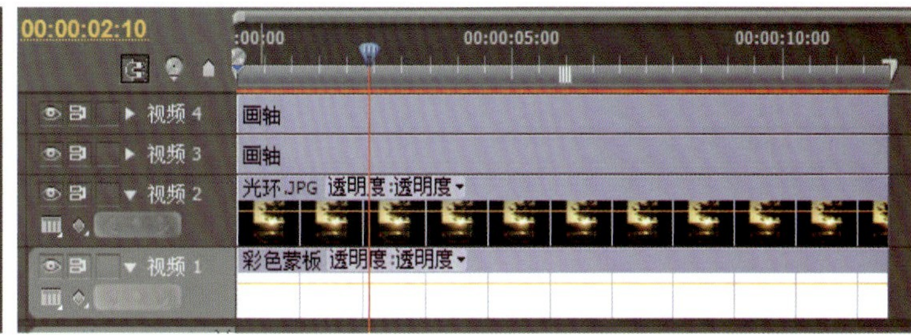

图2-37　添加素材并调整持续时间

⑳在效果窗口中选择“视频转换”→“擦除”选项，将其中的“擦除”转场添加到“视频1”和“视频2”轨道的素材上。

㉑分别选中添加的转场，在特效控制台窗口中，单击“从北到南”按钮，持续时间设置为12 s，如图2-39所示。

㉒单击“播放/停止”按钮，效果如前图2-26所示。

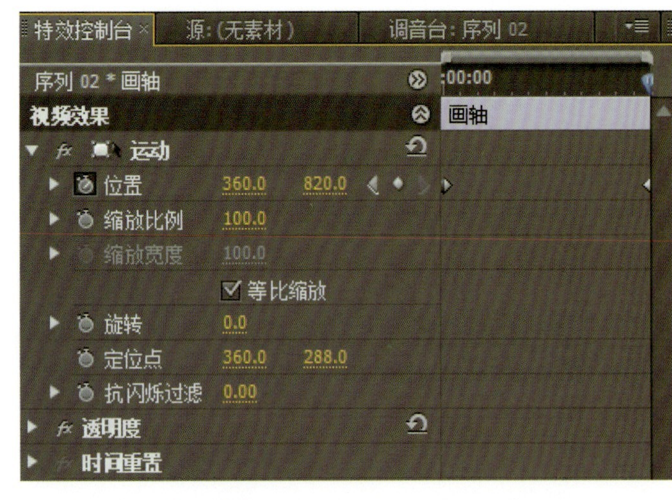

图2-38 添加两个关键帧

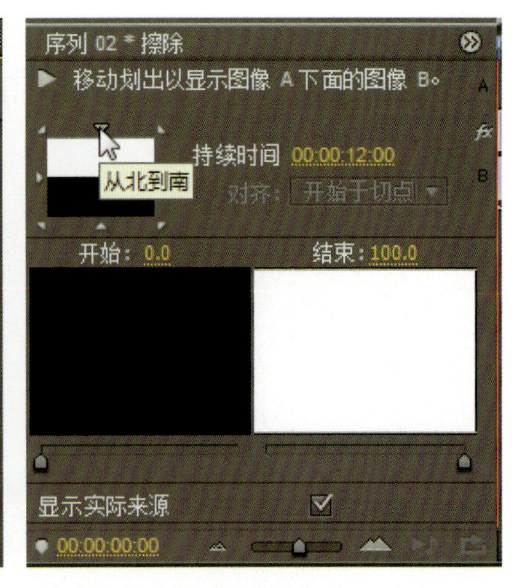

图2-39 单击“从北到南”按钮

4）实例4：画中画效果

知识要点：添加缩放转场效果，设置转场持续时间。

所谓的画中画效果实际上就是在一个背景的画面上叠加一个比背景画面小的画面效果。不论是静态的文件，还是动态的文件，都可以实现画中画的效果。它们可以实现缩放、旋转或者任意方向上的运动等。

两个图像的画中画效果是画中画效果中最为基本的效果，其效果如图2-40所示。

①启动Premiere Pro CS5.5，新建一个名为“画中画效果”的项目文件。

②执行菜单命令“文件”→“导入”，导入本项目素材文件夹内的“澳大利亚之旅”视频素材。

③在项目窗口双击“澳大利亚之旅”，将其在源监视器窗口中打开。

④在源监视器窗口选择入点9:26:00及出点9:32:12，如图2-41所示。按住“仅拖动视频”按钮将其拖到时间线的“视频1”轨道上，与起始位置对齐。

图2-40 最后的效果

图2-41 单击“仅拖动视频”按钮

⑤在源监视器窗口选择入点12:04:04及出点12:10:15，按住“仅拖动视频”按钮将其拖到时间线的“视频2”轨道上，与起始位置对齐。

⑥在效果窗口中选择“视频切换”→“缩放”，添加到“视频2”轨道上片段的开始位置。

⑦双击图片上的效果部分，在特效控制台窗口中将“持续时间”设置为5:17，勾选“显示实际来源”复选框，设置“开始”与“结束”参数为40，“边色”为白色，“边宽”为3。拖动左图上的小圈，将画中画移动到合适的位置，如图2-42所示。

⑧素材在时间线上的效果如图2-43所示。

⑨保存文件，按〈空格〉键预览，最后的效果如前图2-40所示。

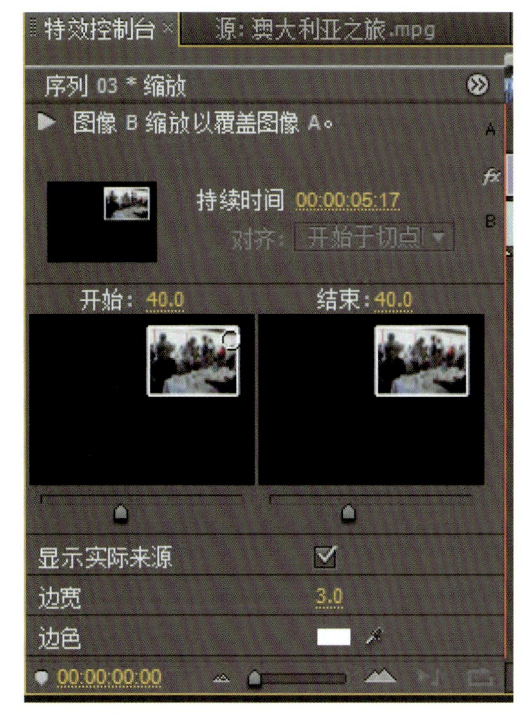

图2-42　特效控制台窗口

图2-43　素材在时间线上的效果

课后拓展练习2

学生自己动手拍摄照片，制作一个电子相册，要求撰写策划稿件，制作片头、片尾，配解说词，添加字幕及音乐。

项目 2

习题和答案 2

项目3
影视包装

【项目导读】

打开电视，我们总会被一些色彩绚丽、设计精致的短片所吸引，这些短小精悍的短片就是平时俗称的片头。确切地说，应当称它们为电视频道整体包装片。

令许多人印象深刻的电视栏目片头可能是《动物世界》的片头，传统的手段配上激情的音乐，现在回想起来还历历在目。现在电视媒体已经成为大众广泛接受的形式之一，频道和栏目众多。如果不进行醒目的整体策划包装，很难体现各自的频道特征，容易被淹没在电视节目的海洋中。

随着计算机技术的发展，涌现出了一系列的动画和后期合成软件，使得电视制作手段得到了极大的丰富。现在，电视设计师可以运用先进的图形图像软件对视频和图形进行编辑和设计，制作出绚丽多姿的视频效果。

电视包装中主要运用实际拍摄元素、3D元素以及平面元素，再通过后期合成软件，将这些材料和元素进行特效处理和合成，将素材最终生成我们见到的电视栏目包装成片。

【技能目标】

能使用特效修饰、修补图像，弥补图像的不足，使用键控进行抠像，完成栏目剧片头制作及栏目剧编辑。

【知识目标】

1.熟悉特效的分类。

2.掌握特效的施加、参数的设置及动画的创建方法。

3.学会正确使用特效。

4.学会使用特效创建动画。

5.学会常用键的使用。

【依托项目】

在电视栏目和电视片中，有各式各样的栏目包装和片头出现在电视屏幕上，常常使观众耳目一新，产生激情。本项目我们把电视栏目包装、片头和视频广告的编辑当作一个任务来讲解。

【项目解析】

作为一个电视栏目片头及视频广告，首先应该出现的是绚丽夺目的背景及片名。为了使片头有动感、不呆板，需要将其做成动画，然后添加一些动态或光效，最后是视频素材的编辑。我们可以将电视栏目片头和视频广告分成3个子任务来处理，第一个任务是施加效果，第二个任务是视频合成，第三个任务是综合实训。

任务3.1

效果施加

【问题的情景及实现】

Premiere Pro CS5.5包含了大量的音频和视频效果，可以在项目中施加给素材片段，以增强其视觉上或听觉上的效果。还可以通过关键帧控制效果属性，从而产生动画。

3.1.1　效果施加方法

每个素材片段都包含一些基本属性，视频素材片段或静态图片素材片段包含位置、比例、旋转和定位点这几个运动属性以及不透明度属性，音频素材片段包含音量属性，影片素材片段包含以上视频素材片段和音频素材片段所具有的所有基本属性。这些基本属性被称为固定效果，是素材片段固有的基本属性，无法删除或施加。

除了素材片段的固定效果属性，还可以为素材片段施加基础效果。Premiere Pro CS5.5中包含了大量的效果插件，甚至还支持使用After Effects和Photoshop中的效果及滤镜插件。在效果窗口中，展开“视频效果”文件夹或“音频效果”文件夹中的子文件夹，将其中的效果拖放到所需素材片段上，即可为其施加基础效果。

固定效果和基础效果都可以在特效控制台窗口进行调节设置。除此之外，还可以通过音频混合器窗口为音频轨道施加基于轨道的音频效果，可以在其中对效果属性进行调节。每个音频轨道最多支持5个基于轨道的音频效果。

要对多个素材片段的音频效果进行统一调节，既可以先将包含这些素材片段的序列进行嵌套，再为其施加音频效果，也可以为包含这几个素材片段的音频轨道施加基于轨道的音频效果。

1）使用效果窗口进行效果管理

基础效果以列表的方式存储于效果窗口中，按照两个主要类别存储于视频效果和音频效果两个文件夹中。在每个文件夹中，又按照不同分类，包含有很多嵌套的子文件夹。在窗口上方的后面输入效果名称或关键词，可以对所需效果进行搜索定位。可以添加新的文件夹，将使用频率比较高的效果放在其中。执行菜单命令“窗口”→“效果”，可以打开效果窗口，如图3-1所示。

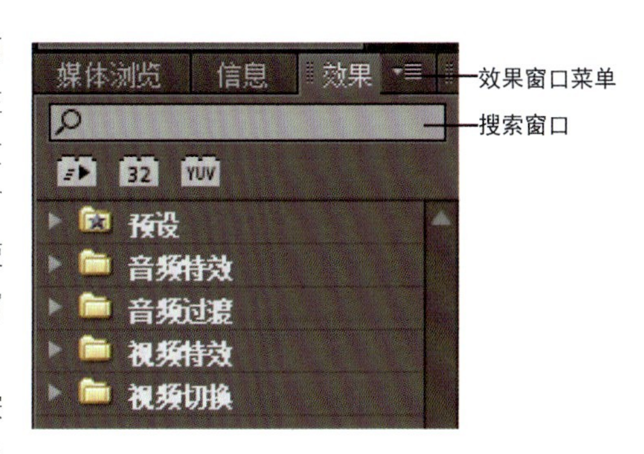

图3-1　效果窗口

在效果窗口的底端，单击“新建自定义文件夹”按钮，可以在窗口中新建一个效果文件夹，再通过双击将其激活，进行重命名。可以将常用效果拖放进来，生成一个效果复制的列表，方便调用。当不需要某自定义文件夹时，可以将其选中，单击效果窗口的底端的“删除自定义分项”按钮，进行删除。

2）使用特效控制台窗口设置效果

当为素材片段施加了效果后，特效控制台窗口中会显示当前所选素材片段施加的所有效果。每个素材片段都包含固定效果：动作和不透明度效果在视频效果部分，而音量效果在音频效果部分。此外，还显示施加的基础效果，执行菜单命令“编辑”→“剪切/复制/粘贴/清除”，可以对选中的效果在素材片段间进行剪切、复制、粘贴及清除的操作，其对应的快捷键分别为〈Ctrl+X〉，〈Ctrl+C〉，〈Ctrl+V〉和〈Delete〉。执行菜单命令“窗口”→“效果控制”，可以打开特效控制台窗口，如图3-2所示。

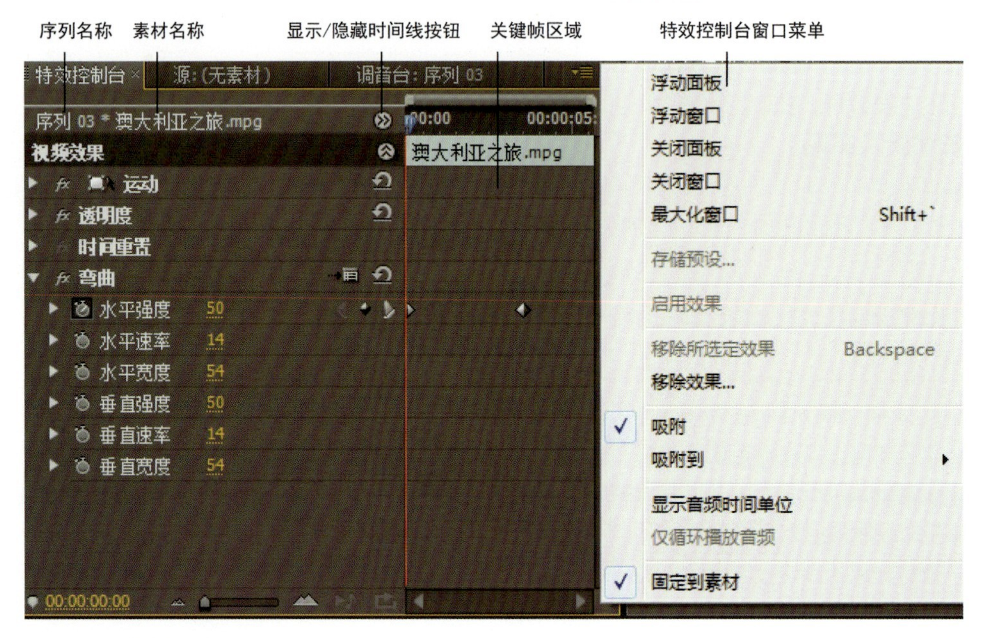

图3-2　特效控制台窗口

特效控制台窗口包含了一个时间线、当前时间指针、缩放控制和一个类似时间线窗口中的导航区域。当在时间线窗口中选中一个素材片段时，特效控制台窗口会自动调整缩放级别，以使素材片段的长度与特效控制台窗口中的时间线区域相匹配。当使用关键帧为效果属性施加动画时，可以单击属性名称左边的三角形标记，展开其数值和速率图表，以对关键帧进行精细调整。还可以通过更改关键帧的插值方式，调节数值的变化速率。

当觉得设置的效果参数不符合需求，需要重新设置时，可以单击效果名称右侧的“重置”按钮，将效果参数还原为默认数值。当觉得设置的效果参数比较满意，并且希望保存设置时，先选中此效果，在特效控制台窗口的弹出式菜单中选择“保存预置”；打开“保存预置”对话框，在其中输入效果名称和相关描述，选择施加方式种类。设置完毕，单击“确定”按钮，此效果设置便被保存到效果窗口中的“预置”文件夹中作为预置效果，可以随时调用。

3）创建效果动画实践

Premiere Pro CS5.5中包含了大量的效果，可以通过为素材片段施加效果，使用关键帧控制效果属性的方式，制作丰富的效果动画。本节将通过制作“放大”“裁剪”“马赛克”“圆形”和“边角固定”等效果，讲解应用效果并为效果设置动画的基本方法。

（1）放大效果

①导入项目1素材文件夹内的“澳大利亚之旅”，在项目窗口中将素材添加到源监视器窗口中，选择5s的片段。按住“仅拖动视频”按钮，将其拖动到时间线窗口的“视频1”轨道上，使其起始位置与0对齐。

②在效果窗口中选择“视频特效”→“扭曲”→“放大”，将其添加到“视频1”轨道的素材片段上，如图3-3所示。

③在特效控制台窗口中展开“放大”特效，为“放大率”和“大小”参数在0 s和3 s处添加两个关键帧，其参数为（150，100）和（300，150），如图3-4所示。

④单击“播放”按钮，预览效果。

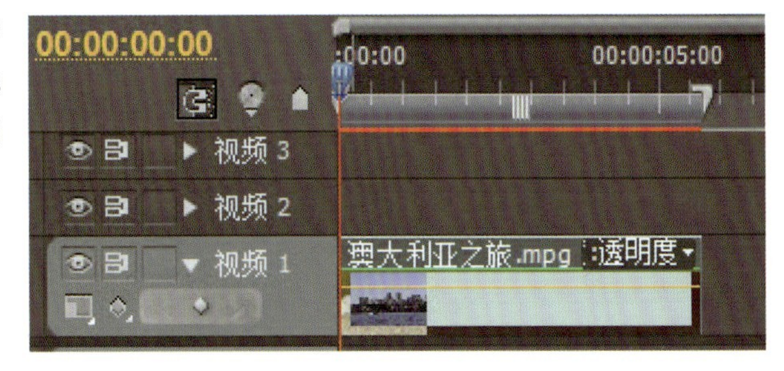

图3-3　添加扭曲特效

图3-4　更改“放大率”参数

（2）裁剪效果

此效果能成行地除去素材边缘的像素，以背景色填充替换。在特效控制台窗口中，可以通过拖动滑块进行4个方向的设置，预览输出结果。

①从项目1素材文件夹“练习素材”中选择一段片段：11:04—15:03，将其添加到“视频1”轨道中，在效果窗口中选择“视频特效”→“变换”→“裁剪”特效，添加到“视频1”轨道上。

②在特效控制台窗口中展开“裁剪”特效，为“顶部”和“底部”参数2 s，2:05和2:10处添加3个关键帧，其参数分别为（0，0），（50，50）和（0，0）。

③单击“播放”按钮，预览效果，如图3-5所示。

图3-5　预览效果

（3）马赛克效果

使用固态颜色的长方形对素材画面进行填充，生成马赛克效果。

在新闻报道中，有时候为了保护被采访者，往往将被采访者的面貌用马赛克隐藏起来，其操作如下：

①用鼠标右键单击项目窗口，从弹出的快捷菜单中选择“导入”菜单项，打开“导入”对话框，选择本书配套教学素材“项目1\任务2\素材”文件夹中的“练习素材”，单击“打开”按钮。

②将项目1素材文件夹中“练习素材”拖到源监视器，设置入点为33:10，出点为36:21，将其拖到“视频1”和“视频2”轨道上，与起始位置对齐，如图3-6所示。

③在效果窗口中选择“视频特效”→“风格化”→“马赛克”，添加到“视频2”轨道的素材上。

④在特效控制台窗口中展开“马赛克”特效，将“水平块”和“垂直块”参数调节为50，如图3-7所示。

⑤在效果窗口中选择“视频特效”→“变换”→“ 裁剪”，添加到“视频2”轨道的“练习素材”上。

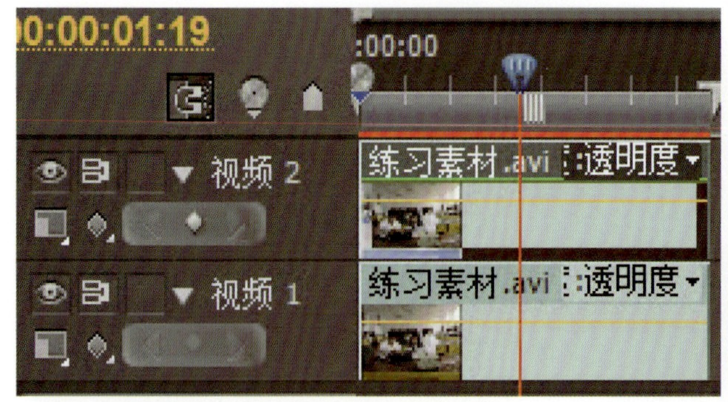

图3-6 添加素材

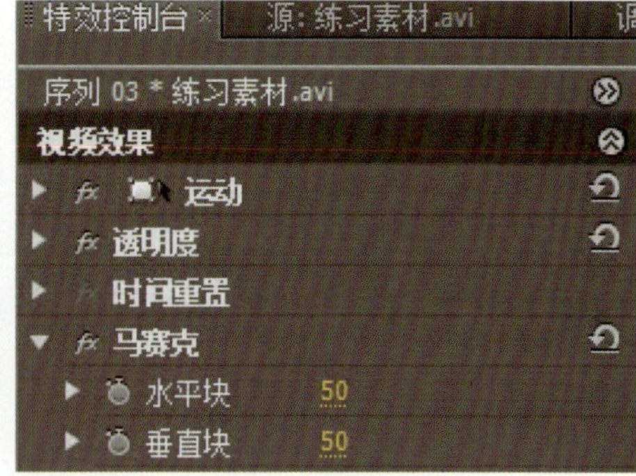

图3-7 调节“马赛克”参数

⑥在特效控制台窗口中展开“裁剪”特效，为“左侧”“顶部”“ 右侧”和“底部”在0s和3:21处添加两个关键帧，基参数分别为（23，31，64，48）和（21，29，67，52），如图3-8所示。使马赛克正好覆盖人的脸，效果如图3-9所示。

图3-8 设置“裁剪”参数

图3-9 马赛克效果

（4）圆形效果

创建一个自定义的圆形或圆环，操作步骤如下：

①从项目1素材文件夹中“练习素材”中选择两段片段：33:10—36:21和00:00—3:17，分别将其添加到“视频2”“视频1”轨道中，在效果窗口中选择“视频特效”→“生成”→“圆”，添加到“视频2”轨道上。

②在特效控制台窗口中展开“圆”参数，单击“混合模式”下拉列表，选择“模板Alpha”，为“居中”参数在0 s和3:17添加两个关键帧，对应的参数为（216，247）和（191，228）。“半径”设置为75，“羽化外部”设置为20，效果如图3-10所示。

（5）边角固定效果

通过改变画面4个边角的位置，对画面进行变形。使用此效果可以对画面进行伸展、收缩、倾斜或扭曲等变化效果的处理。

①从“练习素材”中选择两段片段：33:10—36:21和00:00—3:17，分别将其添加到“视频2”“视频

1”轨道中，在效果窗口中选择“视频特效”→“扭曲”→“边角固定”，添加到“视频2”轨道上。

②在特效控制台窗口中展开“边角固定”特效，为“右上”和“右下”参数在0s和1s处添加两个关键帧，其参数分别为默认值和[（323，109）、（323，471）]，效果如图3-11所示。

图3-10　圆形效果

图3-11　边角固定效果

3.1.2　应用实例

1）实例1：水墨画效果

知识要点：添加并设置Gamma校正特效，添加并设置“查找边缘”特效。

利用Gamma校正特效和色边特效，通过设置相关参数，可以制作出水墨画效果。

①启动Premiere Pro CS5.5，新建一个名为“自制水墨画”的项目文件。

②执行菜单命令“文件”→“导入”，导入项目1素材文件夹中的“练习素材”。拖动项目窗口中的“练习素材”到源监视器窗口。

③从源监视器窗口中剪辑3段素材（00:00—4:00，10:15—14:14，29:12—33:11），将其添加到“视频1”轨道上，如图3-12所示。

图3-12　添加素材

④在效果窗口中选择“视频效果”→“图像控制”→“灰度系数（Gamma）校正”，添加到“视频

1”轨道的第1段视频上，此时该素材上方会出现一条红色的直线。

⑤选中添加了特效的素材，在特效控制台窗口中展开“灰度系数（Gamma）校正”特效，将灰度系数（Gamma）参数设置为5，如图3-13所示。

⑥在效果窗口中选择“视频效果”→“风格化”→“查找边缘”，将其添加到“视频1”轨道上的第1段视频上；在特效控制台窗口中展开“查找边缘”特效，将“与原始图像混合”参数设置为10%。

⑦使用同样方法，将“查找边缘”特效添加到“视频1”轨道的第2段视频上，在特效控制台窗口中展开“查找边缘”参数，将“与原始图像混合”参数设置为20%。

⑧同样方法，将“查找边缘”特效添加到“视频1”轨道的第3段视频上，在特效控制台窗口中展开“查找边缘”特效，为“与原始图形混合”在8:01和10s处添加两个关键帧，其参数为0和20%，如图3-14所示。

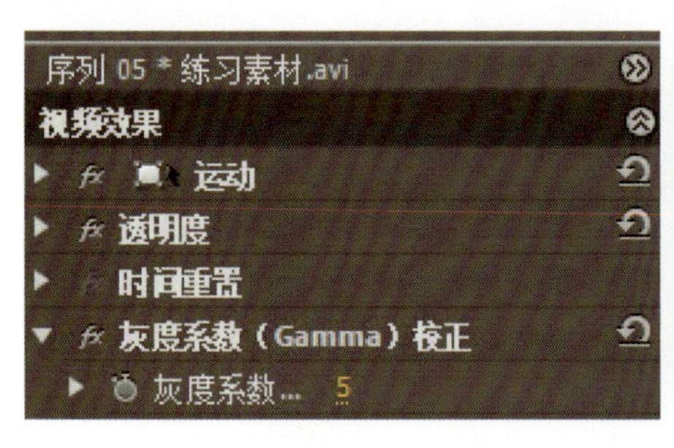

图3-13　设置“灰度系数（Gamma）修正”选项

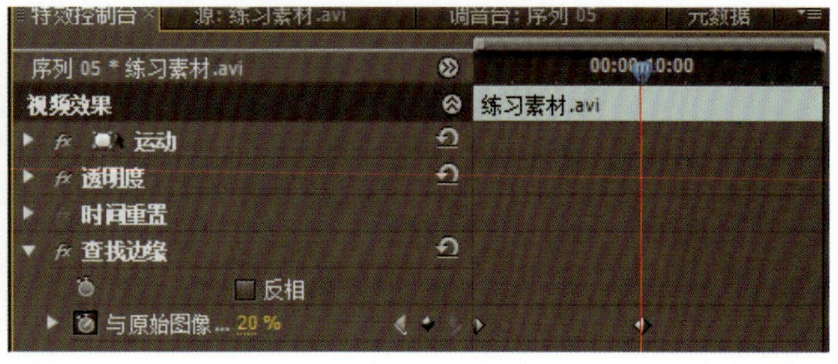

图3-14　添加两个关键帧

⑨单击“播放/停止”按钮，效果如图3-15所示。

2）实例2：水中倒影效果

知识要点：设置“位置”参数，添加垂直翻转特效并设置其参数，添加波浪特效并设置其参数。利用垂直翻转特效和波浪特效可以制作出水中倒影效果。

①启动Premiere Pro CS5，新建一个名为“水中倒影”的项目文件。

②执行菜单命令“文件”→“导入”，导入本项目素材文件夹中的“图01.jpg”，如图3-16所示。

图3-15　最终效果

图3-16　素材

③在项目窗口中选中导入的素材，将其添加到“视频2”轨道上，如图3-17所示。

④选中“视频2”轨道上的素材，用鼠标右键单击此素材，从弹出的快捷菜单中选择“缩放为当前画面大小”菜单项。在特效控制台窗口中展开“运动”选项，“位置”为（360，155），将“等比缩放”复选框的钩去掉，“缩放高度”为55，“缩放宽度”为103，效果如图3-18所示。

⑤在项目窗口同样选择此素材，将其添加到“视频1”轨道上，用鼠标右键单击此素材，从弹出的快捷菜单中选择“缩放为当前画面大小”菜单项。在特效控制台窗口中展开“运动”选项，“位置”为

（360，430），将“等比缩放”复选框的钩去掉，“缩放高度”为55，“缩放宽度”为103，效果如图3-19所示。

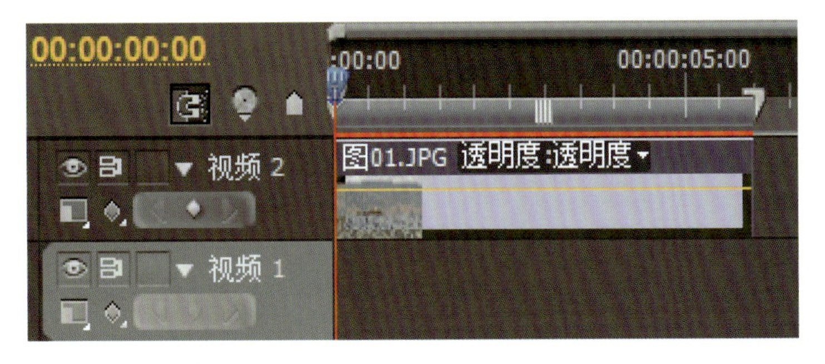

图3-17　添加素材

图3-18　调整位置

图3-19　调整位置1

⑥在效果窗口中选择“视频特效”→“变换”→“垂直翻转”，添加到“视频1”轨道的素材上，此时“视频1”轨道上的素材已经垂直翻转，如图3-20所示。

⑦在效果窗口中选择“视频特效”→“扭曲”→“波形弯曲”，添加到“视频1”轨道的素材上，此时“视频1”轨道上的素材已经具有了波浪效果，如图3-21所示。

图3-20　垂直翻转特效

图3-21　波浪特效

⑧在特效控制台窗口中展开“波形弯曲”特效，为“波形类型”“波形高度”“波形宽度”“波形速度”和“固定”选项在0 s、2 s和4 s处添加3个关键帧，其参数分别为（正弦，10，40，1，无），（杂波，15，50，1，全部边角）和（圆形，10，50，2，左侧边缘），如图3-22所示。

⑨单击“播放/停止”按钮，效果如图3-23所示。

波形弯曲

参数	值
波形类型	圆形
波形高度	10
波形宽度	50
方向	90.0 °
波形速度	2.0
固定	左侧边缘
相位	0.0
消除锯齿（...	低

图3-22　添加第3组关键帧

图3-23　最终效果

任务3.2

视频合成

【问题的情景及实现】

合成分为两种方式，即叠加和抠像，Premiere Pro CS5.5提供了多种方式进行键控特效。不同的键控方式适用于不同的素材。当使用一种模式不能实现完美的抠像效果时，可以尝试其他抠像方式，还可以对抠像过程进行动画处理。

3.2.1 关于视频合成

要进行叠加合成，一般情况下，至少需要在上下两轨道上安置素材，上面轨道的素材为抠像层，下面轨道的素材为背景层。这样，在为对象设置抠像特效后，可以叠加在背景层上。选择叠加素材后，在效果窗口中，选择“视频特效”→“键”选项，可以找到Premiere Pro CS5.5所提供的抠像特效。

作为一款功能强大的视频编辑软件，Premiere Pro CS5.5还提供了基于轨道的合成功能，可以通过各种轨道透明方式，进行画面的叠加合成。

1）透明的基本原理

要从多层图像创建合成，其中的一个或多个图像必须包含透明，透明信息储存在其Alpha通道中。Alpha通道是和R、G、B 3条通道并行的1条独立的8位或16位的通道，决定素材片段的透明区域和透明程度。

如果素材片段本身的Alpha通道不能满足需求，则可以使用蒙版（Mask）、遮罩（Matte）或抠像（Keying）的方法来创建透明区域。

①蒙版（Mask）：开放或闭合的路径，由闭合路径组成的遮罩可以决定素材片段的透明区域，以此来更改其Alpha通道。

②遮罩（Matte）：一个素材片段的某条通道决定这个素材片段或其他素材片段的透明区域。当一个素材片段的某条通道与所需透明区域相吻合时，可以将这个素材片段作为遮罩使用。

③抠像（Keying）：以图像中的某种颜色或亮度值定义透明区域，当像素与定义的抠像颜色或亮度值相符时变为透明。可以使用抠像移除统一的背景色，例如蓝屏抠像。

通过导入带有Alpha通道的素材，使用蒙版、遮罩或抠像的方法创建或更改层的Alpha通道都可以创建透明。

2）视频合成的基本原理

时间线窗口中的每个视频轨道都包含一个Alpha通道，以存储透明信息。除添加了视频、静止图片和字幕等内容的部分外，所有的视频轨道都是完全透明的，序列中总是优先显示处于上方的轨道。当轨道中的素材片段含有透明时，将根据透明范围和透明程度显示其下方的轨道。通过含有不同透明信息的素材片段的轨道叠加，而形成合成图像。字幕和Logo就是通过这个原理产生透明的镂空，从而透出影片背景。

由于产生透明的方式不同，在进行合成时，应该遵循以下规则。

①如果要对整个素材片段施加统一的透明度，可以在特效控制台窗口中设置其不透明度属性。

②导入带有Alpha通道的素材是最有效率的定义透明区域的方式。因为透明信息已经包含在文件中了，Premiere Pro CS5.5 会在序列中自动显示其透明。

③如果素材本身不包含Alpha通道，则必须对要进行透明处理的素材片段手动施加透明。可以通过调节素材片段的不透明度（Opacity）或施加特效的方式施加透明。

④After Effects、Photoshop和Illustrator 等软件可以在保存特定文件格式的时候，一并保存其Alpha通道。

Premiere Pro CS5.5中的轨道合成与After Effects 中层的合成基本类似，对于一些简单的合成工作，也可以在Premiere Pro CS5.5中进行。

3）调节素材的不透明度

默认状态下，素材片段的不透明度为100％，完全不透明。可以通过调节其不透明度，将不透明度调到100％以下，透出下面轨道上的素材片段。如果其下面没有轨道，或轨道的相应位置没有素材片段，则透出黑色背景。当不透明度为0时，素材完全透明。

在特效控制台窗口，展开“透明度”属性，可以通过输入新的数值，更改不透明度，如图3-24所示。也可以在时间线窗口使用“钢笔工具”拖曳数值线，更改素材片段的不透明度，如图3-25所示。

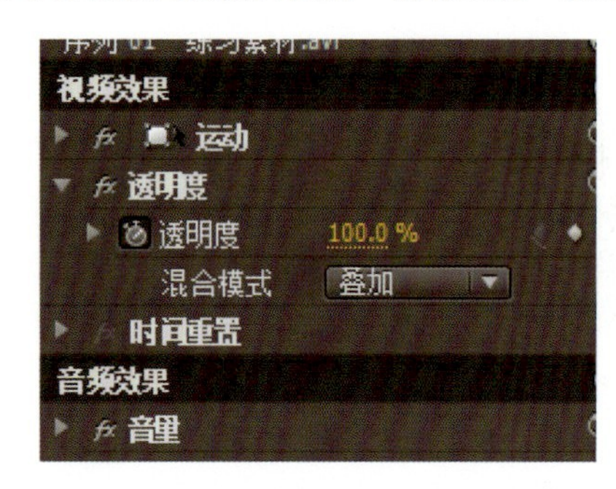

图3-24　更改透明度

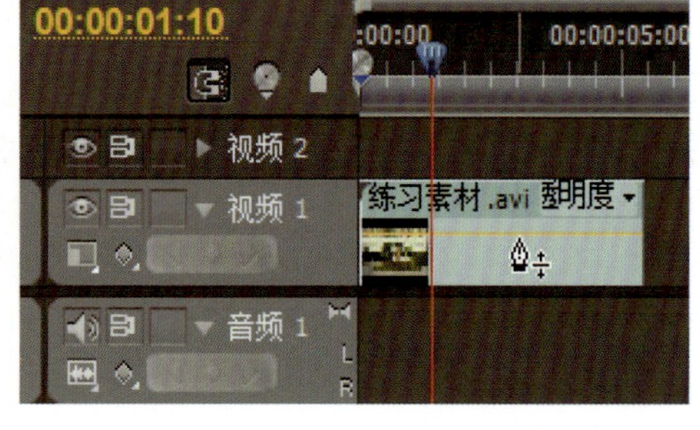

图3-25　使用钢笔工具

注：无论在特效控制台窗口或时间线窗口，都是以素材片段为单位调节不透明度。通过为不透明度的变化设置动画，可以创建时隐时现的效果或淡入淡出的转场效果。

淡出与淡入的制作步骤

①在时间线窗口中导入两个片段，将其放置在“视频1”轨道上，如图3-26所示。

②在工具箱中选择“钢笔工具”，按〈Ctrl〉键，鼠标在“钢笔工具”图标附近出现加号，在淡出及淡入的位置上单击，加入4个关键帧。

③放开〈Ctrl〉键，拖起前片段终点和后片段始点的关键帧到最低点位置上，这样素材就出现了淡入的效果，如图3-27所示。

图3-26　导入片段

图3-27　淡出、淡入效果

3.2.2 使用抠像

使用抠像可以根据素材片段的颜色或亮度等信息定义透明区域，经常使用基于颜色的抠像移除统一的背景色。由于人的身体中很少含有蓝色和绿色，因此在前期拍摄时经常会使用蓝色或绿色的幕布作为背景，后期制作时将其抠除。

1）使用色度键

使用各种类型的抠像效果可以针对各种情况进行抠像合成处理。本节将通过使用色度键（Chroma Key），对带有绿色背景的素材片段进行抠像，使其与背景合成。

“色度键”抠像特效可以设定素材片段中的哪个颜色区域变为透明。对于背景色不是十分规范的单色镜头场景十分有效。在特效控制台窗口中可以对色度键抠像属性进行设置，如图3-28所示。

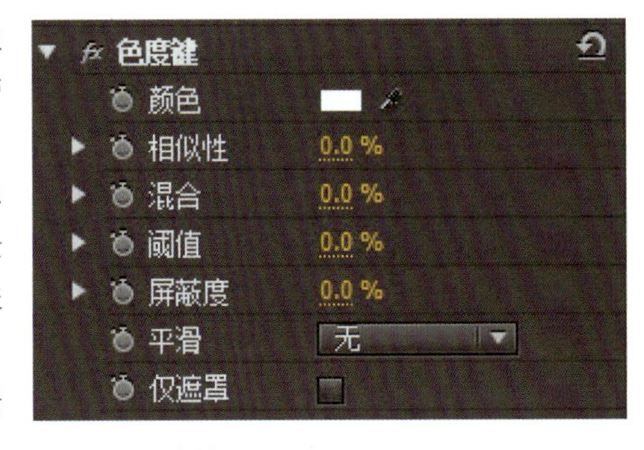

图3-28 色度键

●颜色（Color）：在视频中选择设置透明颜色。单击色块可以在调出的拾色器中选择颜色；而使用吸管工具，可以在屏幕中选择任意颜色。

●相似性（Similarity）：设置目标颜色透明区域的大小。数值越高，区域越宽泛，反之越狭小。

●混合（Blend）：将进行抠像的素材片段与其下方的素材画面混合。数值越高，混合程度越高。

●阈值（Threshold）：控制抠出颜色区域阴影的数量。数值越高，阴影数量越多。

●屏蔽度（Cutoff）：描述阴影的明暗。向右拖曳滑块，使阴影变暗。

●平滑（Smoothing）：设置透明区域和不透明区域之间变化的平滑程度。选择“高”则产生比较柔和的过渡效果，而使用“低”则产生比较生硬的过渡效果，选择“无”不产生平滑过渡，利于保护主题边缘。

●仅遮罩（Mask Only）：勾选后只显示素材片段的Alpha通道。黑色部分指示透明区域，白色部分指示不透明区域，而灰色部分指示半透明的过渡区域。

①导入带有颜色背景的素材，将本项目素材文件夹中的“图像 5.jpg”，添加到“视频2”轨道上，如图3-29所示。将素材“练习素材”添加到“视频1”轨道上，与“图像5”对齐，如图3-30所示。

图3-29 抠像素材

图3-30 拖曳色度键

②在效果窗口中选择“视频特效”→“键”→“色度键”，拖放到时间线窗口中的素材片段“图像5”上。

③在特效控制台窗口中，展开“色度键”特效，单击“颜色”属性后面的吸管图标，在节目监视器窗口中单击要移除的颜色背景上，选中背景色，如图3-31所示。应尽量选择背景中面积比较大的颜色。

④调节“相似性”为10，“平滑”为高，将背景色完全抠除，完成所需的合成效果，如图3-32所示。

基于颜色的抠像经常被用来移除背景，而基于亮度的抠像则可以增加纹理或产生一些特殊效果，使用时应该注意区别。

图3-31　拖放吸管图标

图3-32　抠像效果

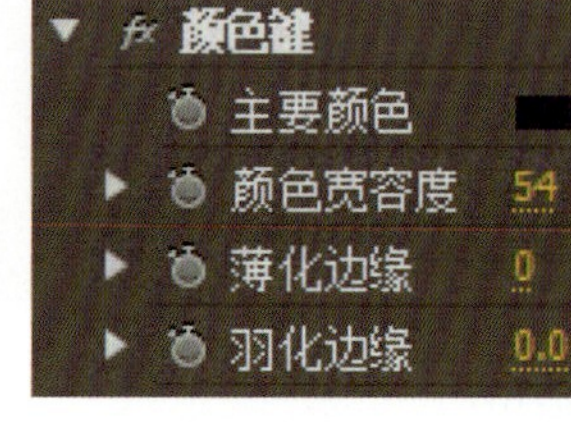

图3-33　颜色键

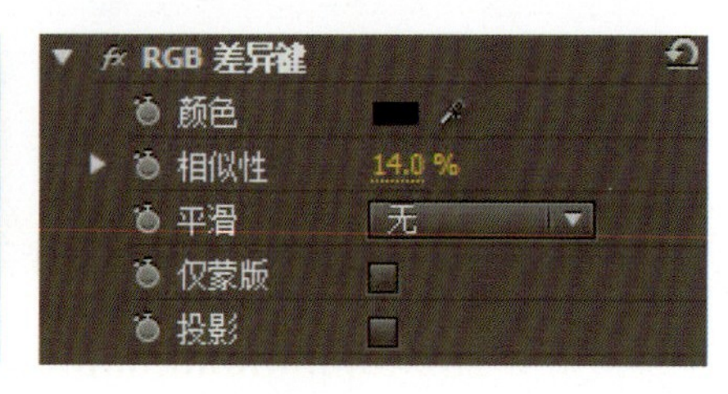

图3-34　RGB 差异键

2）使用颜色键

颜色键（Color Key）抠像特效可以将与指定抠像颜色相近的颜色抠出来，此特效可以修正层的Alpha通道。在特效控制台窗口中可以对“颜色键”抠像属性进行设置，如图3-33所示。参数设置如下：

●主要颜色（Color）：在视频中选择设置透明颜色。单击色块可以在调出的拾色器中选择颜色；而使用吸管工具，可以在屏幕中选择任意颜色。

●颜色宽容度（Color Tolerance）：设置目标颜色透明区域的大小。数值越低，抠像区域与指定的抠像颜色越接近；而数值越高，则越宽泛。

●薄化边缘（Edge Thin）：调节抠像区域的边缘宽度。数值越高，则透明区域越大，反之亦然。

●羽化边缘（Edge Feather）：设置抠像区域边缘羽化。数值越高，边缘过渡越柔和，反之亦然。

3）使用RGB差异键

RGB差异键（RGB Difference Key）其实就是一个简化版的“色度键”抠像特效。可以选择目标透明颜色区域，但却无法混合图像或以灰度的方式调节透明，适用于灯光布景比较明亮，且不包含阴影的镜头场景。在特效控制台窗口中可以对“RGB差异键”抠像属性进行设置，如图3-34所示。参数设置如下：

●颜色（Color）：在视频中选择设置透明颜色。单击色块可以在打开的“颜色拾取”对话框中选择颜色；而使用吸管工具，可以在屏幕中选择任意颜色。

●相似性（Similarity）：设置目标颜色透明区域的大小。数值越高，区域越宽泛，反之越狭小。

●平滑（Smoothing）：设置透明区域和不透明区域之间变化的平滑程度。选择“高”则产生比较柔和的过渡特效，而使用“低”则产生比较生硬的过渡特效，选择“无”不产生平滑过渡，利于保护主题边缘。

●仅蒙版（Mask Only）：勾选后只显示素材片段的Alpha通道。黑色部分指示透明区域，白色部分指示不透明区域，而灰色部分指示半透明的过渡区域。

●投影（Drop Shadow）：在源素材画面的右下方，偏移4个像素的位置添加一个50％灰度的阴影。这个选项对于字幕等简单图形十分有用。

4）使用蓝屏键

蓝屏键（Blue Screen Key）抠像特效是以蓝色创建透明区域。由于人的身体中很少含有蓝色，因此在前期拍摄时经常会使用蓝色的幕布作为背景。使用这种抠像特效，可以去除专用的蓝色背景的颜色。

●阈值（Threshold）：设置由素材画面中的蓝色决定的透明区域的级别。向左拖曳滑块，增加透明区域。

●屏蔽度（Cutoff）：设置由“阈值”属性参数所产生的不透明区域的不透明度。向右拖曳滑块，增加其不透明度。

①双击项目窗口中的空白处，打开“导入”对话框，选择本项目素材文件夹中的 “girl0001.tga”，勾选对话框下方的“序列图片”复选框。单击“打开”按钮，将序列素材导入项目窗口，将其添加到“视频2”轨道上。

②按〈Ctrl+I〉组合键，导入本项目素材文件夹中的“云层滚动.m2v”，将其添加到“视频1”轨道上，与序列素材对齐。

③在效果窗口中选择“视频特效”→“键”→“蓝屏键”，拖放到时间线窗口中的序列素材上。

④在特效控制台窗口中，展开“蓝屏键”特效，其参数设置“阈值”为55，“屏蔽度”为35，“平滑”为高，如图3-35所示。

⑤调节各项参数，直到将背景色完全抠除，完成合成前后的效果如图3-36所示。

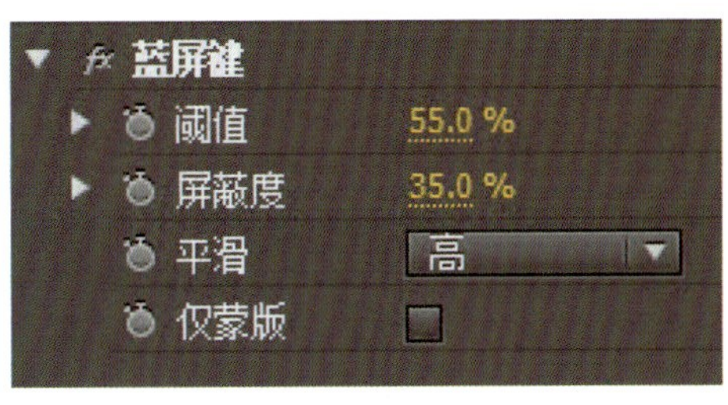

图3-35 “蓝屏键”参数设置

图3-36 去除专用的蓝色背景

5）使用非红色键

非红色键抠像（Non Red Key）特效可以从蓝色或绿色背景创建透明区域。这种抠像特效与蓝色键很相似，而且还可以对素材片段进行混合。除此之外，此抠像特效可以减少不透明区域的毛边。当蓝屏键不能产生满意的特效时，可以使用无红色键。在特效控制台窗口中可以对无红色键抠像属性进行设置，“阈值”为59，“屏蔽度”为33，“去边”为蓝色，“平滑”为高，如图3-37所示。参数设置如下：

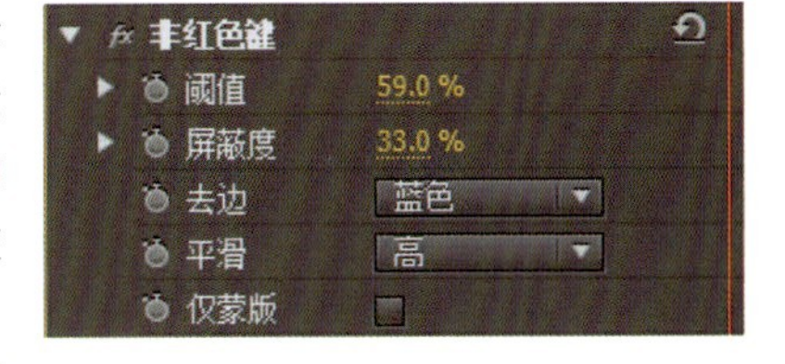

图3-37 非红色键

去边（Deranging）：从素材片段不透明区域的边缘移除剩余蓝色或绿色的屏幕颜色。选择“无”则不启用此项功能，而绿和蓝两个选项则分别针对绿色或蓝色背景素材。

6）使用亮度键

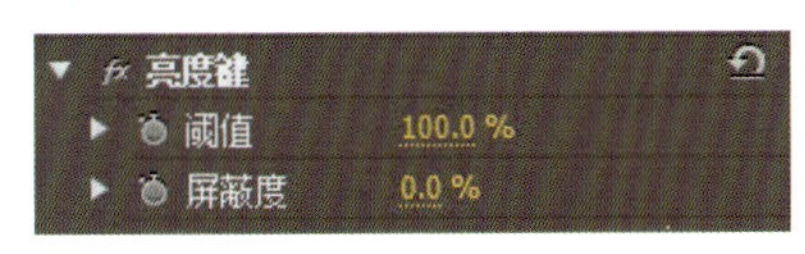

图3-38 亮度键

亮度键抠像（Luma Key）特效可以抠出素材画面的暗部，而保留比较亮的区域。此抠像特效可以将画面中比较暗的区域除去，从而进行合成。在特效控制台窗口中可以对亮度键抠像属性进行设置，如图3-38所示。

使用亮度键抠像特效还可以抠出画面中的亮部区域，将“阈值”属性设置为一个低数值，而将“屏蔽度”设置为一个高数值即可。

3.2.3 使用蒙版

蒙版（Matte）是一幅静止图像，以决定素材片段中施加某种特效的区域。使用蒙版抠像可以创建复杂的合成效果。

1）轨道遮罩键

轨道遮罩键遮罩（Track Matte Key）特效可以使用一个文件作为遮罩，在合成素材上创建透明区域，从而显示部分背景素材，以进行合成。这种遮罩特效需要两个素材片段和一个轨道上的素材片段作为遮罩。遮罩中的白色区域决定合成图像的不透明区域；遮罩中的黑色区域决定合成图像的透明区域；而遮罩中的灰色区域则决定合成图像的半透明过渡区域。

一个遮罩如果包含了动画，则被称为动态遮罩。这种遮罩通常由动态视频素材或施加了动画效果的静态图片组成。

背景素材、合成素材和轨道遮罩应该按照从下至上的顺序在轨道中进行排列，且之间要包含重叠部分。在特效控制台窗口中选择完遮罩图像轨道后，可以对轨道遮罩键遮罩属性进行设置。设置参数和方法与图像遮罩键遮罩特效基本相同。

●遮罩（Matte）：设置要作为遮罩的素材所在轨道。

●合成方式（Composite Using）：选择遮罩的具体来源。选择“Alpha遮罩”，使用遮罩图像的Alpha通道作为合成素材的遮罩；而选择“Luma遮罩”，则使用遮罩图像的亮度信息作为合成素材的遮罩。

●反向（Reverse）：翻转遮罩。

（1）制作遮罩

①启动Photoshop，执行菜单命令“文件”→“新建”，打开“新建”对话框，设置宽度×高度为“720×576像素”，分辨率为“72”，颜色模式为“RGB颜色”，背景内容为“透明”，如图3-39所示。单击“确定”按钮。

②执行菜单命令“编辑”→“填充”，打开“填充”对话框，在“使用”下拉菜单中选择“前景色（黑色）”，如图3-40所示。单击“确定”按钮。

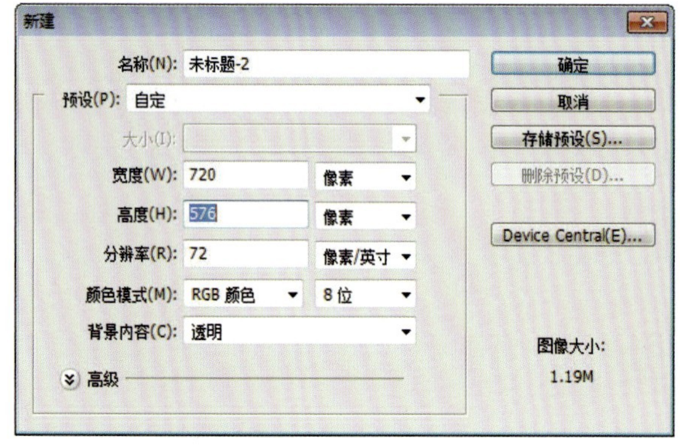

图3-39 “新建”对话框

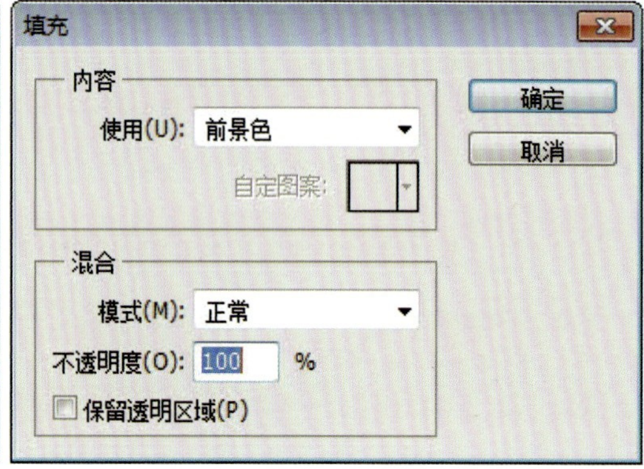

图3-40 “填充”对话框

③在工具栏中选择“椭圆框选工具”，在图像窗口画一个椭圆，椭圆的位置与要输出的人物或物体的位置相同。

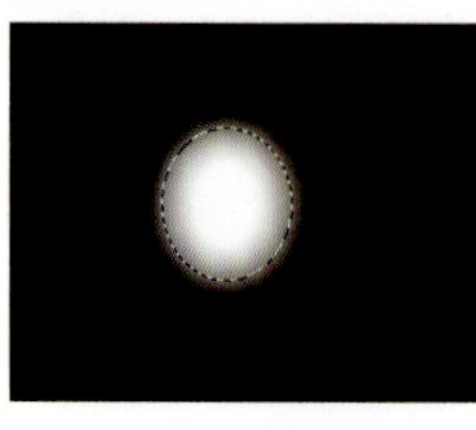

图3-41 遮罩图像

④用鼠标右键单击虚框边缘，从弹出的快捷菜单中选择“羽化”菜单项，打开“羽化选区”对话框，在“羽化半径”文本输入框中输入20，使要输出图像的边缘柔和。单击“确定”按钮。

⑤执行菜单命令“编辑”→“填充”，打开“填充”对话框，在“使用”下拉菜单中选择“背景色（白色）”，单击“确定”按钮。最后的遮罩图像如图3-41所示，保存为“遮罩.jpg”文件，退出Photoshop。

（2）轨道遮罩键应用

①导入本项目素材文件夹下的“云层滚动”“圆遮罩”和“项目1\素材”文件夹下的“练习素材”，

将“云层滚动”背景片段和有人物的“练习素材”片段分别加入 “视频1”和“视频2”轨道，再将“圆遮罩”拖放到“视频3”轨道上，如图3-42所示。

图3-42 轨道遮罩图

②在效果窗口中选择“视频特效”→“键”→“轨道遮罩键”，拖放到时间线窗口“视频2”轨道中的素材片段上。

③在特效控制台窗口中，展开“轨道遮罩键”特效，在“遮罩”中选择“视频3”，“合成方式”中选择“Luma遮罩”，如图3-43所示。

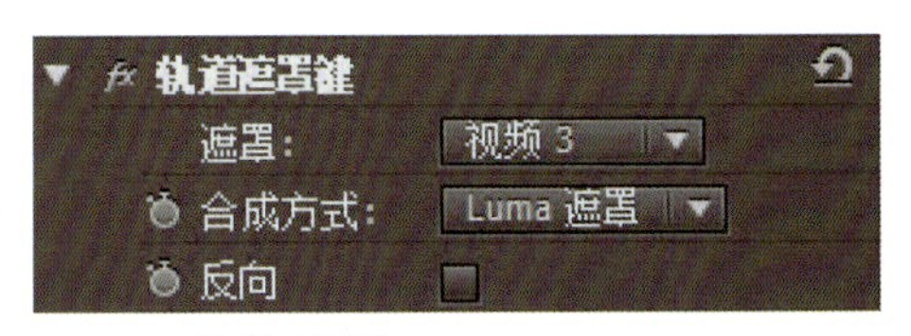

图3-43 轨道遮罩键

④选择“视频2”片段，在特效控制台窗口中展开“运动”选项，为“位置”参数在0s和4:09处添加两个关键帧，其参数为（-159，288）和（800，288），如图3-44所示。

⑤按空格键开始播放，输出的图像从左向右移动，如图3-45所示。

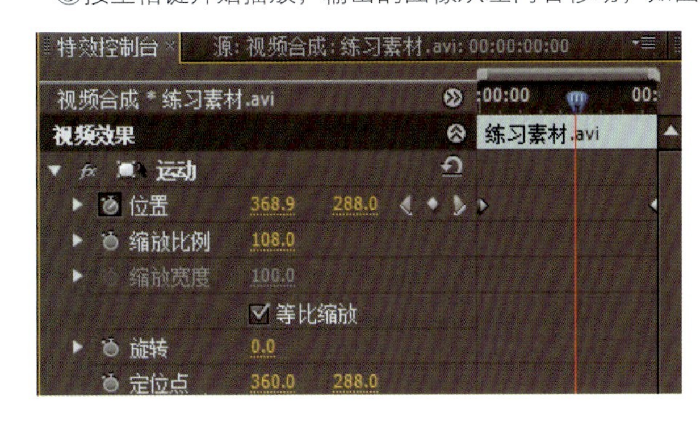

图3-44 位置参数

图3-45 最后效果

2）使用移除遮罩

在使用轨道遮罩键的基础上，移除遮罩特效可以使原来的遮罩区域扩大或减小。在效果窗口中选择“视频特效”→“键”选项，将“移除遮罩”拖到上例的“视频2”轨道上，可在特效控制台窗口中对移除遮罩键遮罩属性进行设置。

设置遮罩的类型，选择“白色”，可使输出的图像周围加入一圈黑边，如图3-46所示。选择“黑色”，可使输出的图像周围加入一圈白边，如图3-47所示。

3）使用差异遮罩键

差异遮罩键遮罩（Difference Matte Key）特效可以通过对比指定的静止图像和素材片段，除去素材片段中与静止图像相对应的部分区域。这种遮罩特效可以用来去除静态背景，替换以其他的静态或动态的背景画面；也可以通过输出未包含动态主体的静态场景中的一帧作为遮罩。为了取得最好的效果，

图3-46　选择白色

图3-47　选择黑色

摄像机应静止不动。在特效控制台窗口中选择完遮罩图像后，可以对差异遮罩键遮罩属性进行设置。

●查看（View）：指定在合成图像窗口中显示的图像视图。

●差异层（Difference Layer）：用于键控比较的静止背景。

●如果层大小不同（If Layer Size Differ）：如果对比层的尺寸与当前层不同，对其进行相应处理，可使其居中显示或进行拉伸处理。

●匹配宽容度（Matching Tolerance）：控制透明颜色的容差度，该数值用于比较两层间的颜色匹配程度。较低的数值产生透明较少，较高的数值产生透明较多。

●匹配柔化（Matching Softness）：调节透明区域与不透明区域的柔和度。

●差异前模糊（Blur Before Difference）：通过比较前对两个层作细微的模糊清除图像的杂点，取值范围为0~1 000。

①导入本项目素材文件夹内的“laola61”“云层滚动”和“laola62”素材，将素材“云层滚动”添加到“视频1”轨道上，将素材“laola61”添加到其上方的“视频2”轨道上，将素材“laola62”添加到“视频3”轨道上，如图3-48所示。

②用鼠标右键分别单击“视频2”“视频3”轨道上的片段，从弹出的快捷菜单中选择“缩放为当前画面大小”菜单项，使其全屏显示。

③保证用于比较轨道的素材不可见（将“视频3”轨道上的关闭）。

④在效果窗口中选择“视频特效”→“键”→“差异遮罩”，拖放到时间线窗口中的素材片段“laola61”上。

⑤在特效控制台窗口中展开“差异遮罩”特效，“视图”设置为“视频3”，“匹配宽容度”为21，如图3-49所示。

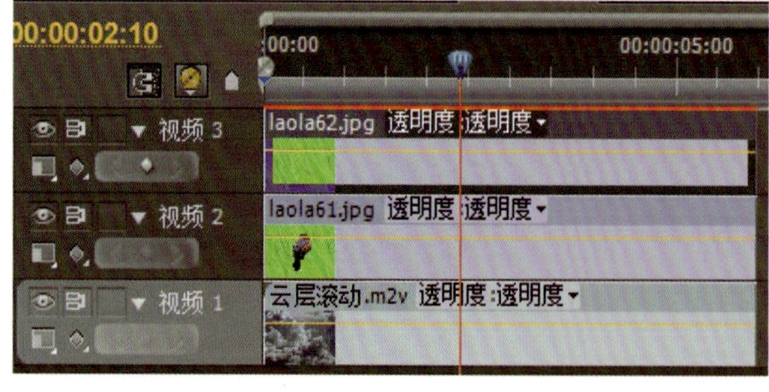

图3-48　素材在时间线上的排列

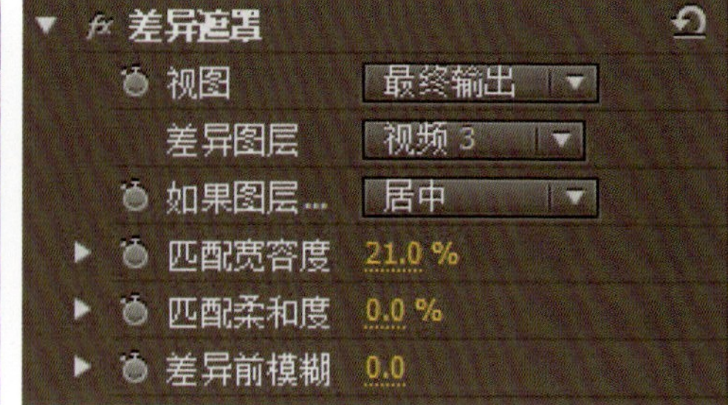

图3-49　差异遮罩键

⑥可调节“匹配宽容度”的值，直到效果满意为止。拖动“匹配柔化”及“差异前模糊”滑块，对比较粗糙的边缘进行柔化和模糊，效果如图3-50所示。

图3-50　合成效果

图3-51　抠像素材

4）使用无用信号遮罩创建多边形遮罩

“无用信号遮罩”（Garbage Matte）特效可以通过创建一个多边形遮罩作为遮罩，以决定合成素材上的显示区域。使用抠像可以将不需要的颜色抠除，透出背景画面。但是，当场景中含有一些抠像无法抠除的元素（如路灯），如图3-51所示，则可以使用“遮罩扫除”特效设置遮罩将其去除。

“无用信号遮罩”特效按照控制点数量的不同，分为 4 点无用信号遮罩、8 点无用信号遮罩和16点无用信号遮罩，分别对应4，8和16个控制点。控制点越多，创建的遮罩形状越复杂。

①导入本项目素材文件夹内的“7-5.tif”和“云层滚动”。在时间线窗口中部署好素材后，在效果窗口中选择“视频特效”→“键”→“8点无用信号遮罩”，拖放到时间线窗口中要设置遮罩的素材片段上，如图3-52所示。

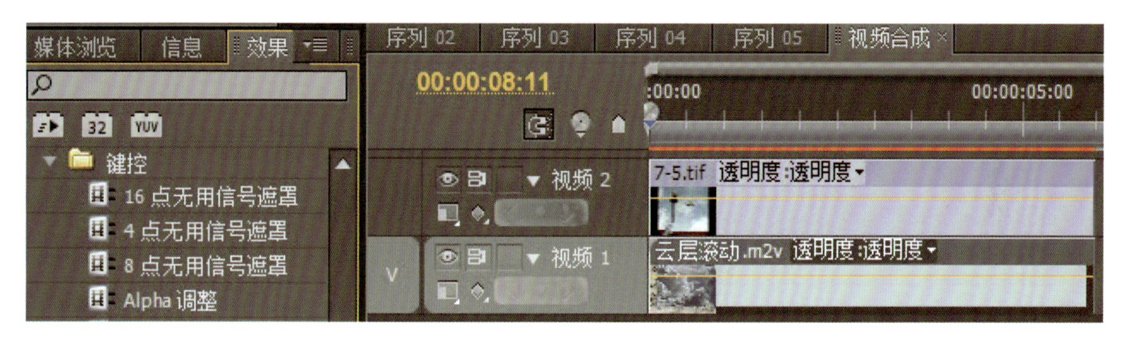

图3-52　拖曳遮罩

②在特效控制台窗口中，展开“8点无用信号遮罩”特效设置，可以在其中通过设置坐标数值，设置控制点的位置。还可以在特效控制台窗口中选中此效果，则在节目监视器窗口中出现相应数目的控制点。用鼠标拖动控制点，使不需要的元素在控制点连成的区域以外，将其隐藏起来，如图3-53所示。

③设置完“无用信号遮罩”特效后，再对素材片段进行抠像，如色度键，则可以将素材片段与背景真实地合成，如图3-54所示。

图3-53　8点遮罩扫除属性及鼠标拖动控制点

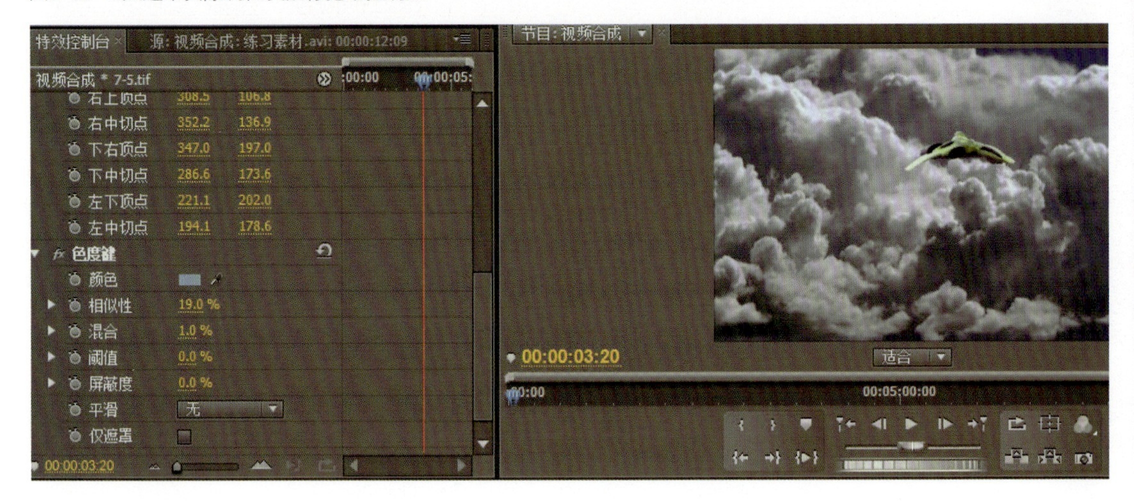

图3-54　最后效果

课后拓展练习3

由教师提供片头的视频素材，学生根据影片内容制作一个片头。

项目 3　　习题和答案 3

项目4
影视编辑

【项目导读】

影视编辑主要包括电视纪录片、电视栏目剧和微电影编辑。

1. 电视纪录片

电视纪录片是指纪录型的电视专题报道类节目，是运用电子采录设备和手段，对政治经济文化等新闻题材，进行比较系统完整的纪实报道。它运用新闻镜头，客观真实地记录社会生活，客观地反映生活中的真人、真事、真情、真景，着重展现生活原生形态的完整过程，排斥虚构和扮演的新闻性电视节目形态。

（1）必备条件

纪录片是非虚构的电视作品，是创作者根据现实生活中的个体生命、真事、真景象、真氛围而创作，能表达作者潜在的主观思想的作品；纪录片是作者观察、思考、选择后的产品，有艺术感染力；纪录片是在拍摄和布局安排上，各部分之间要有一定的逻辑关系，使观众能够按一定的思路来思考、认识和想象。

（2）电视纪录片的基本特征

①真实性：如同新闻等其他纪实类节目一样，真实性也是纪录片的生命。电视纪录片要求制作者在真实的基础或前提下，以真诚、科学、严谨的态度对待生活和创作。

②纪实性：纪实性同样是电视纪录片本质属性的一方面，是一种与真实的联系，是一种风格、一种表现手法。纪实手法，是纪录片创作最基本的手法。

2. 电视栏目剧

近年来，以重庆电视台播出的国内第一部真正意义上的栏目剧《雾都夜话》为代表的一系列电视栏目剧成为电视节目中的一大亮点，在保持较高收视率的同时引起了广泛的社会影响。栏目剧的出现，拓宽了中国电视节目的形态领域，改变了中国电视传统的话语方式。

《雾都夜话》问世至今已有十几年，然而关于电视栏目剧概念的标准阐释，至今在业界仍没有形成共识。《雾都夜话》的制片人曾在2004年国际情景剧研讨会上首次提出“电视栏目剧”的概念，即从内容上看，“它不是情景剧，不是喜剧，它是正剧”；从形式上看，具有“相对固定的时间、固定的长度，以栏目的形式加以发布”。更具体地说，栏目剧是以电视栏目的形式存在，具有统一的片头、主持人及由演员演绎的故事情节的电视节目形态。栏目化、故事化、生活化、参与性是它的基本要素，正是这几个因素使电视栏目剧得以蓬勃发展。栏目剧是以电视栏目的形式进行生产和播出的，有固定的制作班子、固定的节目样式和播出时间，制作周期短、成本低。可以说，栏目剧以栏目形式走向繁荣，占据了有利的时机。

3. 微电影

微电影即微型电影，又称微影。它是指能够通过网络平台进行下载、上传的视频短片。

（1）微电影定义

微电影是指专门用在各种新媒体平台上播放的，适合在移动状态和短时休闲状态下观看的，具有完整策划和系统制作体系支持的，具有完整故事情节的“短时”放映、“短周期制作”和“小规模投资”的视频短片，内容融合了幽默搞怪、时尚潮流、公益教育、商业定制等主题；它可以单独成篇，也可系列成剧。它具备电影的所有要素：时间、地点、人物、主题和故事情节。

（2）特点

2009年网上开始有了网络连续剧、网络短片。DV、单反相机等数码产品的诞生扩大了视频的圈子，不少电影爱好者已经不再只是爱好观看电影，他们学习剧作、剪辑、导演。随着电影方面教育教学系统的完善，越来越多的作品诞生于互联网。

2010年以前，我们称作短片的作品分别有实拍剧情片、动画剧情片、学生剧情片作业、网络视频等，时长一般低于电影。网络短片从胡戈的《一个馒头引发的血案》到筷子兄弟的《老男孩》，再到天使投资人王利斌出品的惊悚片短片《荒野逃生》《尊严》，逐渐变化成“微电影”这个词。

与电影的巨大投资相比，视频短片在拍摄设备、资金、团队、流程等方面要求都较低，适合大专业院校学生的实际操作需求。

【技能目标】

能使用运动制作动画，完成影片片头的制作及编辑。

【知识目标】

1.了解运动效果的概念。
2.掌握添加、设置运动效果的方法。
3.学会正确添加运动效果。
4.学会设置运动效果。
5.学会关键帧动画的制作。

【依托项目】

在影片中，有各种各样的形式出现在电视屏幕上，使观众耳目一新、产生激情。我们把电视纪录片、电视栏目剧和微电影的制作当作一个任务。

【项目解析】

作为一个影片，应该首先出现的是光彩夺目的背景及片名。为了使片头有动感、不呆板，需要将其做成动画，然后添加一些动态效果，最后是电视纪律片、电视栏目剧和微电影的编辑。我们可以将影片分成两个子任务来处理，第一个任务是运动效果，第二个任务是综合项目。

任务4.1

运动动画的制作

【问题的情景及实现】

Premiere Pro CS5.5可以在影片和静止图像中产生运动效果，这十分类似于使用动画摄像机，可以通过为对象建立运动来改变对象在影片中的空间位置和状态等。

视频轨道上的对象都具有运动的属性，可以对目标进行移动、调整大小和旋转等操作。如果添加关键帧调整参数的话，还能产生动画。

4.1.1 关键帧动画

在动画发展的早期阶段，动画是依靠手绘逐帧渐变的画面内容，在快速连续的播放过程中产生连续的动作效果。而在CG（将利用计算机技术进行视觉设计和生产的领域通称为CG）动画时代，只需要在物体阶段运动的端点设置关键帧，则会在端点之间自动生成连续的动画，即关键帧动画。

1）关键帧动画概述

使用关键帧可以创建动画并控制动画、效果、音频属性，以及其他一些随时间变化而变化的属性。关键帧标记指示设置属性的位置，如空间位置、不透明度、时间重置或音频的音量等。关键帧之间的属性数值会被自动计算出来。当使用关键帧创建随时间变化而产生的变化时，至少需要两个关键帧，一个处于变化的起始位置的状态，而另一个处于变化结束位置的新状态。使用多个关键帧，可以为属性创建复杂的变化效果。

当使用关键帧为属性创建动画时，可以在特效控制台窗口或时间线窗口中观察并编辑关键帧。有时使用时间线窗口设置关键帧，可以更为方便、直观地对其进行调节。在设置关键帧时，遵循以下方针，可以大大增强工作的方便性，提高工作效率。

①在时间线窗口中编辑关键帧，适用于只具有一维数值参数的属性，如不透明度或音频的音量。而特效控制台窗口则更适合二维或多维数值参数的属性，如色阶、旋转或比例等。

②在时间线窗口中，关键帧数值的变化会以图表的形式展现，因此可以直观分析数值随时间变化的大体趋势。在默认状态下，关键帧之间的数值以线性的方式进行变化，但可以通过改变关键帧的插值，以贝塞尔曲线的方式控制参数的变化，从而改变数值变化的速率。

③特效控制台窗口可以一次性显示多个属性的关键帧，但只能显示所选素材片段的关键帧；而时间线窗口可以一次性显示多轨道或多素材的关键帧，但每个轨道或素材仅显示一种属性。

④像时间线窗口一样，特效控制台窗口也可以图像化显示关键帧。一旦某个效果属性的关键帧功能被激活，便可以显示其数值及其速率图。速率图以变化的属性数值曲线显示关键帧的变化过程，显示可供调节用的手柄，以调节其变化速率和平滑度。

⑤音频轨道效果的关键帧可以在时间线窗口或音频混合器窗口中进行调节，而音频素材片段效果的关键帧则像视频片段效果一样，只可以在时间线窗口或特效控制台窗口中进行调节。

2）操作关键帧的基本方法

使用关键帧可以为效果属性创建动画，可以在特效控制台窗口或时间线窗口添加并控制关键帧。

在特效控制台窗口中，单击按下效果属性名称左边的“切换动画”按钮，激活关键帧功能，在时间指针当前位置自动添加一个关键帧。单击“添加/删除关键帧”按钮，可以添加或删除当前时间指针所在位置的关键帧。单击此按钮前后的三角形箭头按钮 ，可以将时间指针移动到前一个或后一个关键帧的位置。改变属性的数值可以在空白地方自动添加包含此数值的关键帧，如果此处有关键帧，则更改关键帧数值。单击属性名称左边的三角形按钮，可以展开此属性的曲线图表，包括数值图表和速率图表。再次单击“秒表”按钮，可以关闭属性的关键帧功能，设置的所有关键帧将被删除。

在时间线窗口中，单击视频轨道控制区域的“显示关键帧”按钮，从弹出的菜单中选择“显示关键帧”，在轨道的素材片段上显示由数值线连接的关键帧。在素材片段上沿的下拉列表中，可以选择显示哪个属性的关键帧，同一轨道的素材片段可以显示不同属性的关键帧。

音频轨道可以选择显示素材片段的关键帧或轨道的关键帧。同在特效控制台窗口一样，时间线窗口的轨道控制窗口区域也有一个“添加/删除关键帧”按钮和两个前后的三角形箭头按钮 ，使用方法和在特效控制台窗口一样。

时间线窗口不但显示关键帧，还以数值线的形式显示数值的变化，关键帧位置的高低表示数值的大小。使用钢笔工具或选择工具拖曳关键帧，可以对其数值进行调节。按住〈Ctrl〉键，使用钢笔工具单击数值线上的空白位置，可以添加关键帧。而单击关键帧，可以改变其插值方法，在线性关键帧和Bezier关键帧中进行转换。当关键帧转化为Bezier插值时，可以使用钢笔工具调节其控制柄的方向和长度，从而改变关键帧之间的数值曲线。

使用钢笔工具或选择工具单击关键帧，可以将其选中，按住〈Shift〉键，可以连续选择多个关键帧。使用钢笔工具拖曳出一个区域，可以将区域内的关键帧全部选中。使用菜单命令“编辑”→“剪切/复制/粘贴/清除”，可以对选中的关键帧进行剪切、复制、粘贴及清除的操作，其对应的快捷键分别为〈Ctrl+X〉，〈Ctrl+C〉，〈Ctrl+V〉和〈Backspace〉。粘贴多个关键帧时，从时间指针位置开始按顺序粘贴。

4.1.2 创建运动动画实践

通过为素材片段的几个基本属性设置关键帧，可以制作位移、缩放或旋转等动画效果。为位置属性设置关键帧，可以生成位移动画，在节目监视器会以运动路径的方式显示其运动轨迹。运动路径由顺序排列的点组成，每个点标记了在每一帧时素材片段的位置，而其中的X形点代表关键帧。

在特效控制台窗口中，展开运动项进行设置，如图4-1所示。

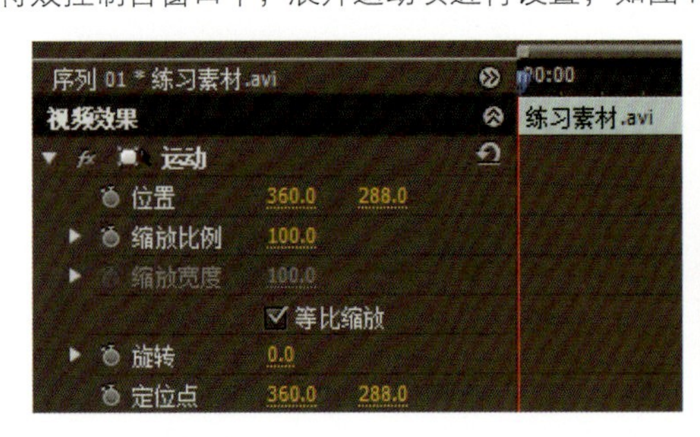

图4-1 “运动”项设置

图4-2 定位点在片段中心的自转

1）定位点的设置

Premiere Pro CS5.5中以定位点作为基础进行相关属性的设置。默认状态下定位点在对象的中心点，可以对定位点进行动画设置。

定位点是对象的旋转或缩放等设置的坐标中心。随着定位点的位置不同，对象的运动状态也会有方式的变化。例如，一个旋转的矩形，当定位点在矩形的中心时，为其应用旋转，就沿着定位点自转，如图4-2所示。

当定位点在矩形外时，就绕着定位点公转，如图4-3所示。

在特效控制台窗口中，改变定位点的位置，可以在窗口中直接改变定位点的*X*和*Y*参数即可。

2）位置的设置

Premiere Pro CS5.5可以通过关键帧为对象的位置设置动画。在为对象的位置设置动画后，在节目监视器窗口中会以运动路径的形式表示对象移动状态，如图4-4所示。为层在合成图像的开始位置和运动后位置，沿着运动路径进行移动。制作运动的方法如下所示。

4-3　片段绕着定位点公转

图4-4　运动前、后位置

①启动Premiere Pro CS5.5，设置视频轨道数量为7，新建一个名为“运动”的项目文件。

②执行菜单命令“文件”→“导入”，打开“导入”对话框，选择本项目1文件夹中的“练习素材.avi”和“项目3\视频合成\素材”文件夹内的“云层滚动.m2v”，单击“确定”按钮。

③将“云层滚动”添加到“视频1”轨道上。双击“练习素材”将其添加到源监视器窗口，在源监视器窗口分别剪辑6段素材（50:13—55:06，00:00—4:19，10:20—15:13，20:06—24:24，29:12—34:05和59:09—1:04:02），使用“仅拖动视频”按钮，分别添加到“视频2”—“视频7”轨道，如图4-5所示。

图4-5　时间线窗口片段的排列

④将“视频3”—“视频6”轨道的“切换轨道输出”按钮关闭，单击时间线窗口“视频2”轨道中的素材使其处于选择状态，激活特效控制台窗口，展开“运动”属性，将“缩放比例”参数设置为30。选择“运动”属性，可以看到节目监视器窗口中目标的边缘出现范围框，如图4-6所示。

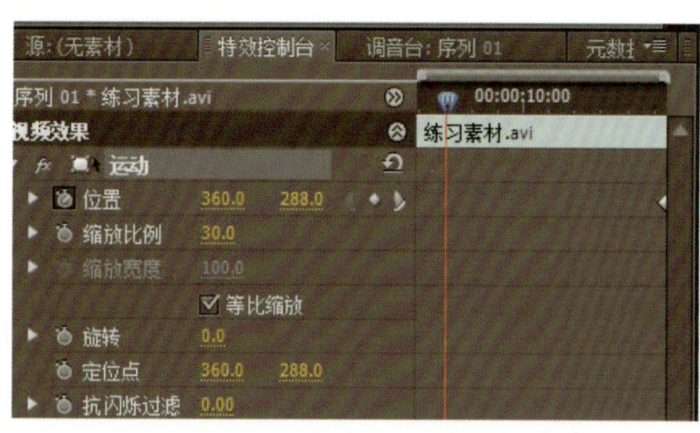

图4-6　选择“运动”属性出现控制框

⑤选择“视频2”轨道中的片段，在特效控制台窗口中，为“位置”选项在0s、1s和4:18处添加3个关键帧，其参数分别为（827，451），（359，451）和（135，451），如图4-7—图4-9所示。

注：运动路径以一系列的点来表示，运动路径上的点越疏，表示层运动越快；运动路径上的点越密，则表示运动越慢。

⑥单击“视频2”轨道上的“折叠—展开轨道”按钮，在工具箱中选择“钢笔工具”，分别在淡出位置3:19和4:19上单击，加入两个关键帧，拖起片段终点的关键帧到最低点位置上，如图4-10所示。

图4-7　素材在监视器窗口的位置1

图4-8　素材在监视器窗口的位置2

图4-9　素材在监视器窗口的位置3

图4-10　添加淡出效果

⑦用鼠标右键单击“视频2”轨道的片段，从弹出的快捷菜单中选择“复制”菜单项。

⑧用鼠标右键分别单击“视频3”“视频4”轨道上的片段，从弹出的快捷菜单中选择“粘贴属性”菜单项。

⑨将“视频5”轨道的“切换轨道输出”按钮打开，单击时间线窗口“视频5”轨道中的素材使其处于选择状态，激活特效控制台窗口，展开“运动”属性，将“缩放比例”参数设置为30。选择“运动”属性，可以看到节目监视器窗口中目标的边缘出现范围框。

⑩选择“视频5”轨道中的片段，在特效控制台窗口中，为“位置”选项在0、和4:18处添加两个关键帧，其参数分别为（585，657）和（585，91），如图4-11所示。

⑪单击“视频5”轨道上的“折叠—展开轨道”按钮，在工具箱中选择“钢笔工具”，在淡出位置（3:19和4:19）上单击，拖起片段终点的关键帧到最低点位置上，如图4-12所示。

图4-11　素材在监视器窗口的位置

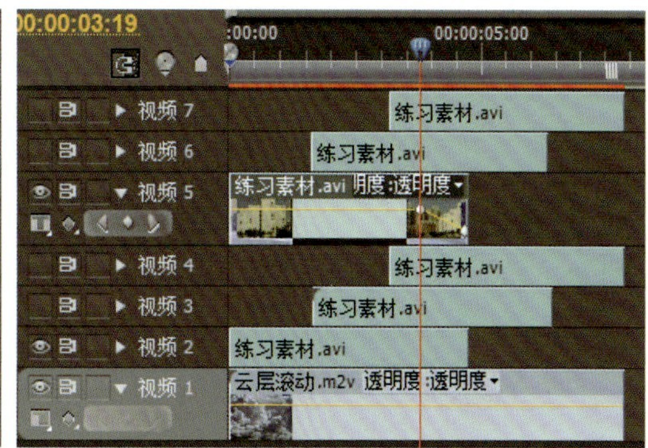

图4-12　添加淡出效果

⑫用鼠标右键单击“视频5”轨道的片段，从弹出的快捷菜单中选择“复制”菜单项。

⑬用鼠标右键分别单击“视频6”“视频7”轨道上的片段，从弹出的快捷菜单中选择“粘贴属性”菜单项。将“视频3”“视频4”“视频6”和“视频7”轨道的“切换轨道输出”按钮打开，单击“播放/停止”按钮，观察其效果。

⑭调整“视频3”“视频4”和“视频6”“视频7”轨道上的片段的位置，使其间距适合，如图4-13所示。

⑮单击“播放/停止”按钮，效果如图4-14所示。

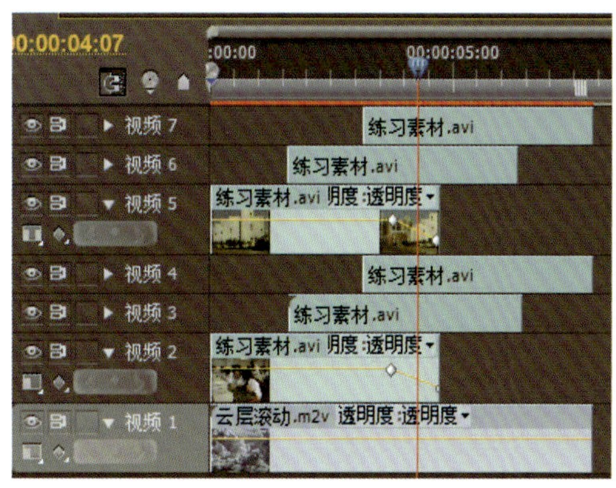

图4-13　调整起始间距

图4-14　位置动画效果

3）大小的设置

Premiere Pro CS5.5可以以定位点为基准，为对象进行缩放，改变对象比例尺寸，可以通过改变“缩放比例”参数值改变目标大小。在运动属性中取消“等比缩放”复选框，可以分别设置目标的缩放高度和宽度。

在节目监视器窗口中拖动对象边框的句柄改变目标的大小，如图4-15所示。

①启动Premiere Pro CS5.5，新建一个名为“大小”的项目文件。

②执行菜单命令“文件”→“导入”，打开“导入”对话框，选择“练习素材”和“云层滚动”，单击“确定”按钮。

③将“云层滚动”添加到“视频1”轨道上，将其缩短至5 s。双击“练习素材”将其添加到源监视器窗口，在源监视器窗口剪辑1段5 s的素材，使用“仅拖动视频”按钮，添加到“视频2”轨道，如图4-16所示。

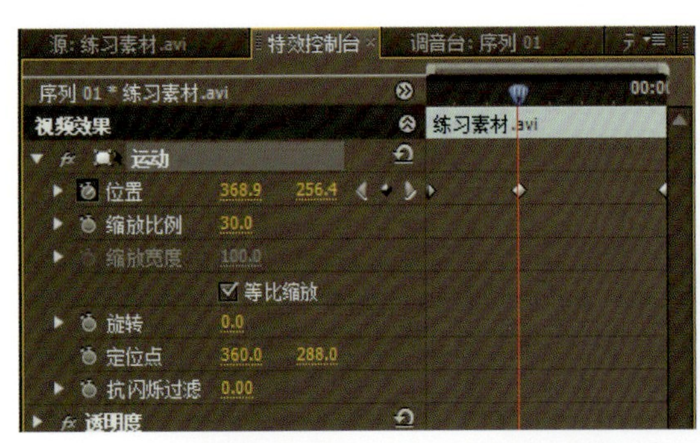

图4-15　拖动手柄缩放影像

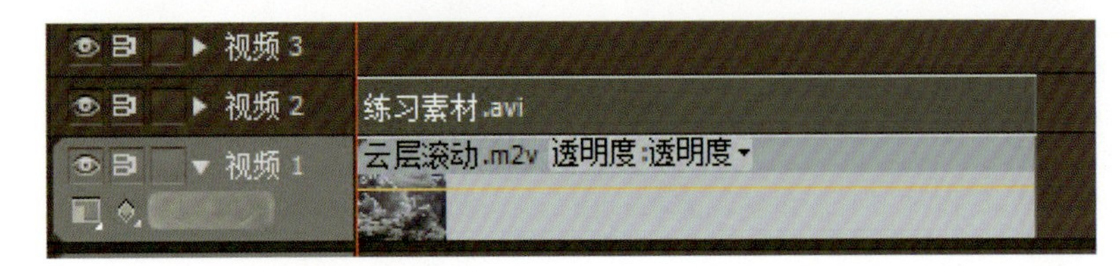

图4-16　素材的排列

④单击时间线窗口“视频2”轨道中的素材使其处于选择状态，激活特效控制台窗口，展开“运动”属性，为“缩放比例”参数在0s，1s和4s处添加3个关键帧，其对应参数为0，200和100，如图4-17所示。

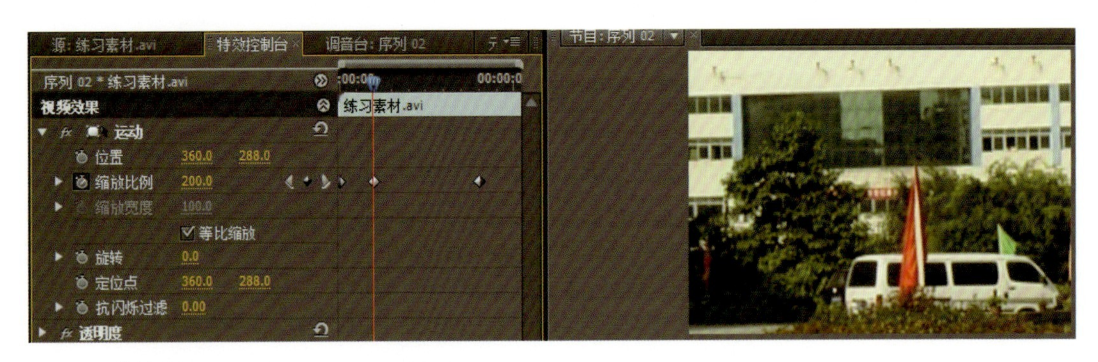

图4-17　缩放动画

⑤单击“播放/停止”按钮，观看其效果。

4）旋转的设置

Premiere Pro CS5.5以对象的定位点为基准，为对象进行旋转设置。反向旋转表示为负角度。修改旋转参数，可以旋转目标，也可将鼠标指针移动到节目监视器窗口片段范围控制点的左右。当指针变为形状时，就可以直接对其进行旋转，如图4-18所示。

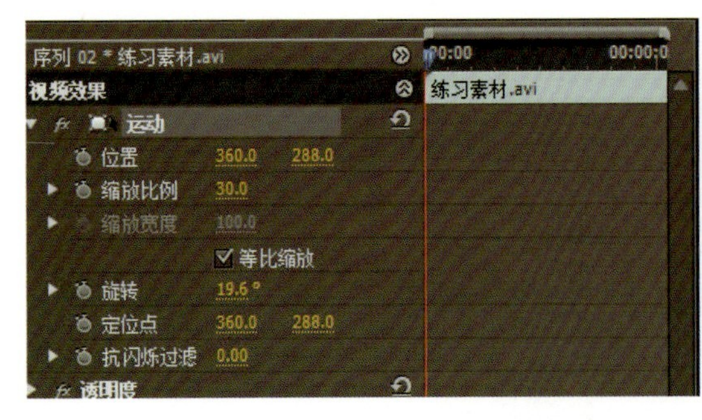

图4-18　旋转影像

①启动Premiere Pro CS5.5，新建一个名为“旋转”的项目文件。

②执行菜单命令“文件”→“导入”，打开“导入”对话框，选择“练习素材”和“云层滚动”，单击“确定”按钮。

③将“云层滚动”添加到“视频1”轨道上，将其缩短至5 s。双击“练习素材”将其添加到源监视器窗口，在源监视器窗口剪辑1段5 s的素材，使用“仅拖动视频”按钮，添加到“视频2”轨道。

④选择“视频2”轨道中的片段，在特效控制台窗口中，为“缩放比例”和“旋转”参数在0s，2s和4s处添加3个关键帧，其对应参数分别为（0，0），（200，360°）和（100，0）。

⑤在特效控制台窗口，将时间码设置为3s位置，再将“旋转”设置为360°，如图4-19所示。

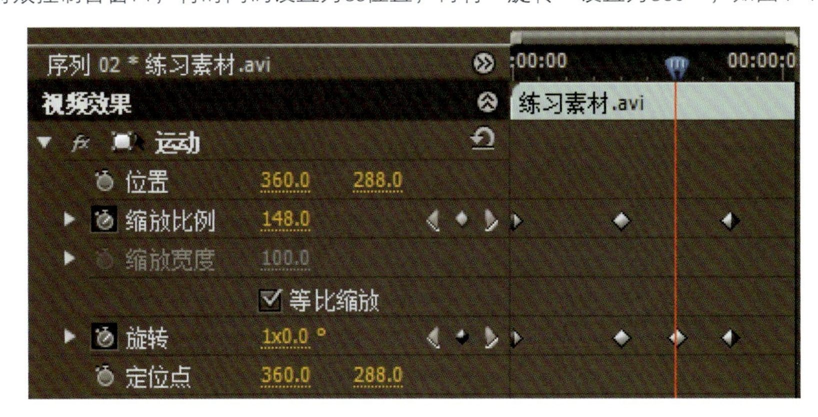

图4-19　旋转动画的设置

⑥单击“播放/停止”按钮，观看其效果。

5）时间重置

“时间重置”效果，可以方便地实现素材快动作、慢动作、倒放、静帧等效果。和“速度/持续时间”效果对整段素材的速度调整不同，“时间重置”可以通过关键帧的设定实现一段素材中不同速度的变化，这些变化都不是突变，而是平滑过渡的。

①在时间线窗口中，单击“视频2”轨道以上素材上方效果菜单，从弹出的快捷菜单中选择“时间重置”→“速度”菜单项，如图4-20所示。在素材上方会看到一条黄线，这是素材的速度曲线。

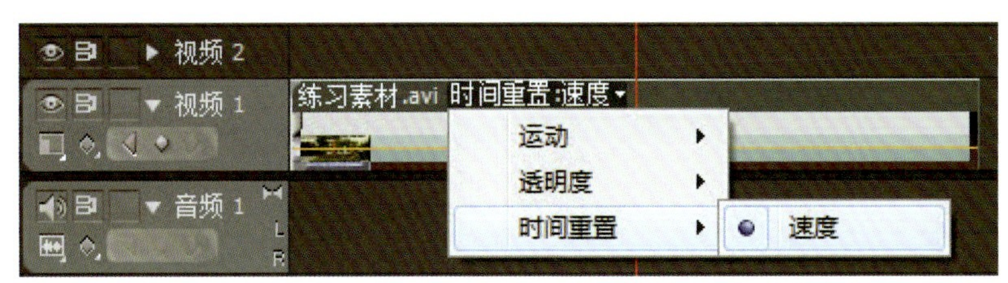

图4-20　速度参数

②用鼠标向上或者向下拖动这根黄线，可以提高或者降低素材的回放速度，同时有一个百分比的显示：大于100%为快放，小于100%为慢放。在速度改变的同时，素材的持续时间也会发生改变：快放使素材变短，慢放使素材拉长，如图4-21所示。

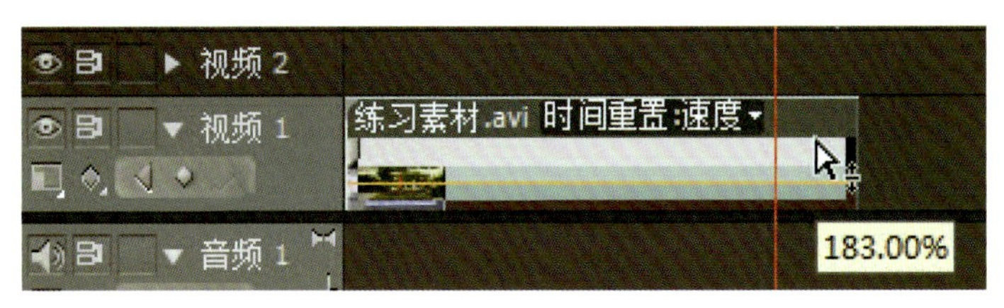

图4-21　拖动黄线

③下面，我们看看如何对一段素材实现前半段慢放后半段快放的效果。

A.按住〈Ctrl〉键，在黄线上单击，设置一个关键帧，素材上会出现一个速度关键帧图标，如图4-22所示。

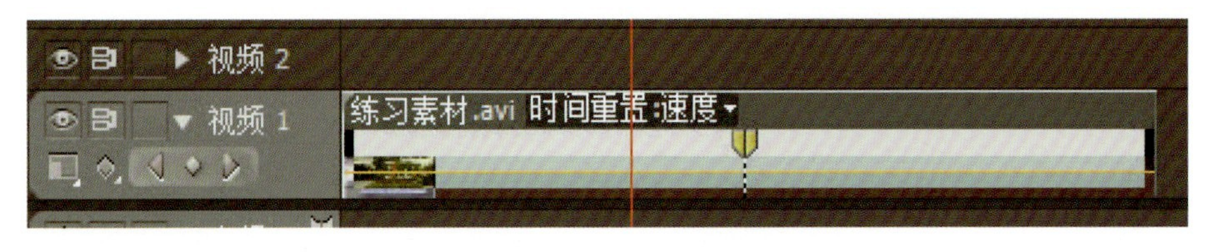

图4-22　出现关键帧

B.拖动关键帧前面部分的黄线，使速度小于100%，为慢放效果；拖动关键帧后面部分的黄线，使速度大于100%，为快放效果，如图4-23所示。

图4-23　快慢效果

C.为了让这个快慢动作看起来更好，还需要设置素材速度从慢到快的平滑过渡。速度关键帧图标分为两半，可以用鼠标拖曳将它们分开。它们之间（颜色稍深部分）的距离，代表了速度变化的过渡时间的长短。单击中间灰色部分，会出现一个控制手柄，拖动手柄可以设置速度变化的曲线，实现平滑过渡，如图4-24所示。

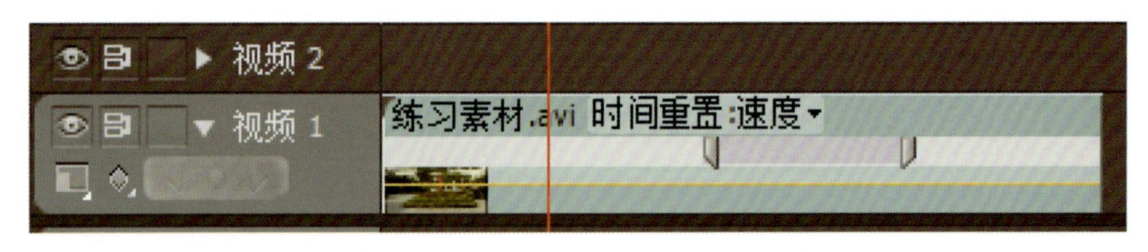

图4-24　平滑过渡

D.可以在特效控制台窗口中“时间重置”选项的“速度”参数设置关键帧和调节选项，效果和下面讲的是一样的，如图4-25所示。

图4-25　速度参数

E.对于速度关键帧，如果按住〈Ctrl+Alt〉组合键的同时向左或向右拖动关键帧的左边或右边，得到的是静帧的效果（关键帧两部分中间的变化），如图4-26所示。

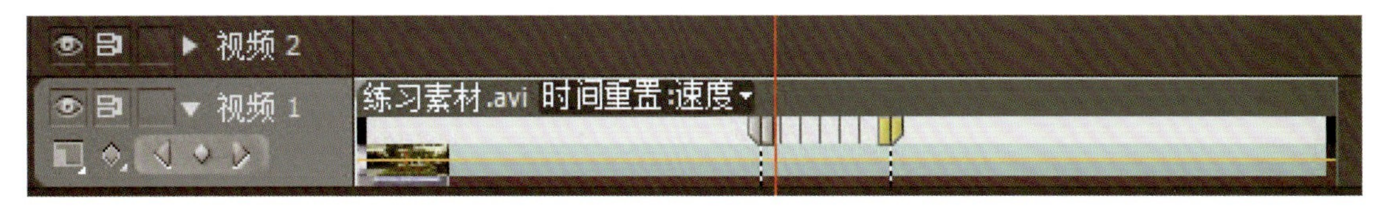

图4-26　静帧效果

课后拓展练习4

学生自己拍摄素材，制作一部包括片头、正片、片尾、配音及字幕的《校园风光》纪录片，将其输出成MPEG2格式刻录在光盘上。

项目 4

习题和答案 4

参考文献

[1] 尹敬齐. Adobe Premiere Pro CS3影视制作[M]. 北京：机械工业出版社，2009.
[2] 龚茜如. Premiere Pro CS4影视编辑标准教程[M]. 北京：中国电力出版社，2009.
[3] 刘强. Adobe Premiere Pro 2.0[M]. 北京：人民邮电出版社，2007.
[4] 于鹏. Premiere Pro 2.0范例导航[M]. 北京：清华大学出版社，2007.
[5] 柏松. 中文Premiere Pro 2.0视频编辑剪辑制作精粹[M]. 北京：北京希望电子出版社，2008.
[6] 彭宗勤. Premiere Pro CS3电脑美术基础与实用案例[M]. 北京：清华大学出版社，2008.